慧源共享 数据悦读

第二届全国高校开放数据创新研究大赛

数据论文集

张计龙 主编

伏安娜 殷沈琴 朱宇红 副主编

复旦大学出版社

第二届"慧源共享"全国高校开放数据创新研究大赛组织机构

（排名不分先后）

指 导 单 位：上海市教育委员会

上海市经济和信息化委员会

主 办 单 位：复旦大学图书馆

上海市教育委员会信息中心

上海市电化教育馆

联 合 主 办：浙江大学图书馆

南京大学图书馆

安徽大学图书馆

承 办 单 位：上海市科研领域大数据联合创新实验室

联 合 承 办：慧源共享教育资源服务中心

上海阿法迪智能数字科技股份有限公司

北京万方数据股份有限公司

协 办 单 位：教育部 CADAL 项目管理中心

上海市高等学校图书情报工作委员会

浙江省高等学校图书情报工作委员会

江苏省高等学校图书情报工作委员会

安徽省高等学校图书情报工作委员会

山东省高等学校图书情报工作委员会

数据支持单位：国家卫生健康委流动人口服务中心

教育部 CADAL 项目管理中心

上海市教育委员会信息中心

华东师范大学调查与数据中心

上海市电化教育馆

复旦大学社会科学数据研究中心

复旦大学当代中国社会生活资料中心

复旦大学图书馆

上海外国语大学图书馆

上海师范大学图书馆

上海财经大学图书馆

同济大学图书馆

东华大学图书馆

上海海洋大学图书馆

上海电力大学图书馆

上海大学图书馆

浙江大学图书馆

南京大学图书馆

安徽大学图书馆

北京万方数据股份有限公司

义橙网络科技(上海)有限公司

上海晓信信息科技有限公司

媒体合作伙伴:《图书馆杂志》社

复旦大学出版社

支持合作伙伴:上海阿法迪智能数字科技股份有限公司

北京万方数据股份有限公司

银联智策顾问(上海)有限公司

矩阵元技术(深圳)有限公司

上海云教信息技术有限公司

义橙网络科技(上海)有限公司

上海市大数据股份有限公司

序言

　　为推动和促进长三角地区高校间数据资源的开放共享,鼓励国内高校师生基于开放数据资源进行创新应用与研究,培养和提升大学生的数据素养与数据能力,在上海市教委和上海市经信委的指导与支持下,由复旦大学图书馆、上海市教委信息中心和上海市电化教育馆牵头,面向全国高校在校师生,举办第二届"慧源共享"全国高校开放数据创新研究大赛系列活动。大赛数据集和获奖的优秀论文编辑成册,就是大家今天看到的这本书。

　　2019年4月,教育部等13部门联合启动"六卓越一拔尖"计划2.0,提出全面推进新工科、新医科、新农科、新文科建设。其中,"新文科"建设的目标为"推动哲学社会科学与新科技革命交叉融合,培养新时代的哲学社会科学家"。"新科技"和"交叉融合"是"新文科"建设理念中的关键词,这也契合当下研究的范式转移。自托马斯·库恩(Thomas Kuhn)1962年提出范式以来,"范式"的基本理论和方法随着科学的发展发生变化。新范式的产生,一方面是由于科学研究范式本身的发展,另一方面则是由于科技革命的推动。2007年,图灵奖得主吉米·格雷(Jim Gray)将人类科学研究的发展定义成为四个范式:从钻木取火的实验科学,到理论科学,再到计算科学,最后到数据密集型科学。他指出未来科学的发展趋势,随着数据量的高速增长,计算机将不仅仅能做模拟仿真,还能进行分析总结,得到理论。也就是说,过去由牛顿、爱因斯坦等科学家从事的工作,未来可以由计算机来做。吉米·格雷将这种科学研究的方式,称为第四范式,即数据密集型科学。

　　基于数据密集型科学研究的"第四范式"和"计算社会科学"的兴起给人文社会科学带来巨大的冲击。计算社会科学与机器学习相互结合,将计算实验方法运用至社会科学之中,通过抽象与符号化,把社会现象、社会科学问题最基本的情景(情节与环境背景),以数字化方式、现代化技术进行仿真模拟。与传统的量化、质化分析不同,仿真模拟方法强调不仅要发现事物之间的相关性或因果性(causal relationships or causal references),还要能够呈现这些复杂的形成过程(即因果机制,causal mechanisms)。

在此大背景下,复旦大学自 2011 年始,成立"复旦大学社会科学数据研究中心"。通过推动数据共享技术、数据调查采集、数据管理政策、数据开发与技术服务、政策模拟与呈现等五大平台建设,建立并完善了复旦大学社会科学数据交换共享平台。这一国内高校第一家社会科学数据平台于 2014 年正式上线,迄今访问人次已破 960 万。2018 年,复旦大学社会科学数据平台跟校内的大数据系统、数据实验教学科研平台融合互通,集大数据基础设施、核心文理医工的数据资产、系统平台、软件工具、规章制度于一体,为高校的教学、科研、智库决策支持和双一流"新文科"的建设奠定了坚实的基础。

2019 年 11 月,上海市经济与信息化委员会决定以复旦大学为建设主体,联合上海市有关政府部门和上海市大数据股份有限公司等 10 家单位为参建单位,成立上海市科研领域大数据联合创新实验室(人文社科),共同建设"慧源上海教育科研数据共享平台"。其主要任务之一是构建上海地区科研数据开放共享基础设施,实现科研领域数据共享,促进多源数据融合环境下的跨学科、跨领域协同创新与成果转化。"慧源共享"全国高校开放数据创新研究大赛系列活动,是目前国内高校领域规模最大、影响面最广、参与人数最多的数据开放大赛。

数据大赛的举办,一方面,推进了长三角域内高校数据的开放共享,增加了数据的重复利用;另一方面,有助于学生们将研究问题和大数据、人工智能的方法紧密结合起来,理论结合实践,用数据分析来解决问题,提升学生的数据素养水平。本书所收集的第二届大赛获奖的部分优秀论文,大都采纳了统计学和机器学习的一些数据建模方法,通过不断修正数据模型来提升拟合准确度,增强解决实际问题的能力。从这些论文中可以看到,各参赛团队对复杂社会问题的理解更加深入,对先进研究方法的掌握和使用更加娴熟,这是大赛组织者希望看到的结果,也是新文科和数据实验平台建设中培养学生能力的重要一环。

衷心祝愿数据大赛越办越好,并在推动中国人文社会科学新发展的过程中发挥更大的作用。

复旦发展研究院常务副院长　彭希哲

前言

　　2020年4月23日,在第25个"世界读书日"来临之际,第二届"慧源共享"全国高校开放数据创新研究大赛正式启动。本届大赛立足上海,面向长三角地区,辐射全国,是"产、学、研、用"新生态下科研数据共享开放与创新应用的重要探索实践。大赛积极发挥长三角地区区位优势,推进数据时代长三角地区产学研用一体化协同创新,激发高校师生发掘利用开放数据资源进行创新研究与应用,聚合各行业力量培养和提升大学生数据素养,促进科研数据汇聚流动和开放共享,助力数字经济发展,推动全球科创中心建设和世界一流大学建设。大赛由上海市教育委员会、上海市经济和信息化委员会指导,复旦大学图书馆、上海市教育委员会信息中心、上海市电化教育馆联合浙江大学图书馆、南京大学图书馆、安徽大学图书馆和上海市科研领域大数据联合创新实验室共同主办,共有38家单位参与大赛组织。

　　4月23日上午,第二届"慧源共享"全国高校开放数据创新研究大赛开幕式以线上线下联动的方式在复旦大学举行。上海市经济和信息化委员会副主任张英、复旦大学副校长陈志敏、上海市教育委员会信息中心主任王明政分别在开幕式上致辞,并在现场与复旦大学图书馆馆长、资深教授陈思和,远程与浙江大学图书馆副馆长黄晨、南京大学图书馆副馆长邵波、安徽大学图书馆馆长储节旺、武汉大学图书馆副馆长刘霞一同启动大赛。复旦大学资深教授葛剑雄在活动现场发表主旨报告。

　　延续首届大赛模式,第二届仍旧包括"数据悦读"学术训练营、数据竞赛和成果孵化三个部分,但相比之下,本届大赛在活动对象、活动内容、数据资源等方面都更加广泛和丰富。持续近2个月的"数据悦读"学术训练营邀请34位数据科学家,在复旦大学、东华大学、上海财经大学、浙江大学、上海师范大学、南京大学、上海电力大学、上海海洋大学、武汉大学、上海外国语大学、安徽大学、同济大学、上海交通大学、上海大学、华东师范大学等15所高校举办17场学术训练营活动,从数据思维、理念、方法、实践、应用多个方面,围绕

A(Artificial Intelligence,人工智能)、B(Blockchain,区块链)、C(Cloud Computing,云计算)、D(Big Data,大数据)、E(Energy Data,能源数据)、F(Fintech,金融科技)、G(GIS,地理信息)7大专题开展讲座。讲座课程通过 ZOOM、哔哩哔哩、造就和上海教育云直播平台全网直播,共有 71 200 余名师生参加训练营。

在数据竞赛环节,本届大赛提供了图书馆业务数据、电子资源访问行为数据、互联网采集数据、特色数据 4 类数据共 16 个高价值数据集。参赛团队可自定选题或参照选题指南进行研究,大赛鼓励选手围绕抗击疫情和社会经济恢复等热点问题开展研究。与首届大赛不同,第二届大赛面向全国高校、研究生院(所)在校师生,共有全国 29 个省市的 756 支队伍报名参赛,参赛总人数达 2 688 人。大赛组委会共收到参赛作品 198 项,经过初审和复审,共有 15 支团队进入答辩。2020 年 11 月 1 日,大赛终评答辩环节在复旦大学举行。按照疫情防控政策要求,大赛答辩以线上线下的形式开展,10 位答辩专家线下齐聚复旦大学与 15 支来自全国各地的优秀团队进行了线上交流,并最终评选出各项奖项。

2020 年 7 月 10 日,2020 世界人工智能大会云端峰会数据智能主题论坛在上海世博中心蓝厅举行。会上,复旦大学图书馆副馆长张计龙代表"慧源共享"全国高校开放数据创新研究大赛与 SODA 开放数据创新应用大赛、上海图书馆开放数据竞赛、上海市大数据主题专项劳动竞赛、信用大数据创新应用大赛、香港 B4B 大数据应用挑战赛、大连数据智能创新应用大赛、浙江省"德清杯"长三角空天信息数据开放创新大赛办赛主体代表,共同组建"开放数据赛事联盟",并面向全国发出联盟邀请,共同营造全国开放数据创新应用氛围。八大赛事实现数据共通、赛程共融、专家共享、宣传共鸣、服务共建,共同打造全行业覆盖、全社会参与、全流程服务的开放数据赛事合作体系。在赛事联盟的合作框架下,第二届大赛推荐 5 支队伍直通 SODA 开放数据创新应用大赛复赛。在 12 月 4 日召开的2020 中国(上海)大数据产业创新峰会上,第二届"慧源共享"全国高校开放数据创新研究大赛推荐的优秀团队"我们说得队"荣获 2020 SODA 上海开放数据创新应用大赛三等奖。会上还举行了开放数据赛事联盟各赛事颁奖仪式,第二届"慧源共享"全国高校开放数据创新研究大赛特等奖获奖团队"红凤凰黄凤凰粉红凤凰花凤凰"代表上台领奖。

本书的出版是第二届全国高校开放数据创新研究大赛的重要成果,全书的主要内容和具体分工如下:第一部分收录了关于第二届大赛数据集的 6 篇数据论文,由胡杰、张计龙、成伟华统稿;第二部分收录了 8 篇大赛优秀获奖论文,由张计龙、伏安娜、殷沈琴、朱宇红统稿,程蕴涵协助;第三部分介绍了本届大赛的活动组织、数据开放和获奖成果等内容,并组织和邀请大赛专家撰写了大赛寄语和金句,由伏安娜、张计龙、程蕴涵、成伟华、殷沈琴负责编写和整理。第四部分以附录形式整理了大赛活动大事记及部分组织单位介绍的相关内容,由伏安娜、张计龙、程蕴涵整理。

　　本书的成功出版得益于各方的共同努力,衷心感谢第二届"慧源共享"全国高校开放数据创新研究大赛的指导和组织单位、参赛选手、指导教师、评审专家,感谢大赛主办单位复旦大学图书馆陈思和馆长、侯力强书记,上海市教育委员会信息中心王明政主任,上海市电化教育馆张治馆长,感谢陈宁、程蓓、程远、储节旺、顾萍、黄晨、金晓明、李文彬、李新碗、刘金伟、刘炜、刘翔、刘玉照、梅葆瑞、聂华、彭少杰、彭宗政、任树怀、山栋明、邵波、苏阔、孙绪敏、王乐、王明政、夏惠贤、邢占军、许鑫、颜卉、叶波、殷沈琴、张成洪、张乐天、朱宇红等专家在作品评审过程中给出的宝贵意见,感谢胡萍对本书视觉设计上的专业支持,感谢刘丽君在出版过程中提供的法律支持,感谢李扬慧、陈俊杰等在资料整理过程中提供的支持。另外,还要特别感谢上海市教育委员会、上海市经济和信息化委员会、复旦大学、复旦大学大数据研究院相关领导和同仁的大力支持,感谢复旦大学出版社严峰书记的指导帮助,特别是陆俊杰编辑为本书出版付出的辛勤劳动。此外,本书的编写得到了复旦大学国家发展与智能治理综合实验室的资助,在此一并表示感谢。

　　"慧源共享"高校开放数据创新研究大赛已成功举办两届,第三届大赛目前也在紧张地进行中。大赛汇聚了来自政府、高校和企业的多个高价值数据集,面向全国高校师生,从数据意识和数据素养的培养,到数据分析与应用的实操,再到学术成果凝炼、应用成果转化和数据人才孵化,多维度、全周期推动科研数据价值的发挥。期待本书的出版作为一个探索和尝试,能对数据素养教育、数据开放共享、数据创新应用的更多实践提供有益借鉴。也希望更多的师生朋友能关注、了解并参与到"慧源共享"全国高校开放数据创新研究大赛的系列活动中,与我们携手点燃数据之光,感受和体验数据的精彩与魅力。最后,也恳请广大读者对本书中的疏漏和不足之处予以指正。

目 录

第一部分　数　据　论　文

第二部分　获奖论文选登

第三部分 关 于 大 赛

第四部分 附 录

PART ———— **01**

第一部分 数据论文

2013—2018 年 12 所高校图书馆业务数据集

胡　杰[1]　成伟华[1]　李轶成[2]　邓定坤[3]　刘建平[4]　易东林[5]
（1 复旦大学图书馆　2 上海财经大学图书馆　3 上海海洋大学图书馆
4 东华大学图书馆　5 上海外国语大学图书馆）

摘要：2020 年第二届"慧源共享"全国高校开放数据创新研究大赛开放的高校图书馆业务数据集为基础数据层数据，为可机读、格式化的原生数据。本数据集具有数据粒度细（71 个字段）、数据量大（1 亿余条数据记录）、覆盖范围广（涵盖全国 12 所高校图书馆数据）、时间跨度长（2013—2018 年）等特点，对高校图书馆用户阅读行为、文献采购、馆藏调整等研究有重要价值，能够为高校图书馆的建设和发展研究提供数据依据。

关键词：高校图书馆　外借数据　预约数据　入馆数据　馆藏数据

Dataset of 12 University Libraries 2013—2018

Hu Jie[1], Cheng Weihua[1], Li Yicheng[2], Deng Dingkun[3],
Liu Jianping[4], Yi Donglin[5]
(1 Fudan University Library　2 Shanghai University of Finance & Economics
Library　3 Shanghai Ocean University Library　4 Donghua University Library
5 Shanghai International Studies University Library)

Abstract：The dataset of university libraries opened in the "Intellectual Resources Sharing"：National Competition on Open Data and Research Innovation in Universities 2020 is the basic layer data，which is machine-readable and formatted original data. The dataset has the characteristics of fine granularity—71 fields，volume—more than 100 million data records，wide coverage—12 university libraries，long time span—from 2013 to 2018，etc. It is of great value to the research on the reading behavior，document procurement，and collection adjustment of university libraries，and can provide data basis for the research on the construction and development of university libraries.

Keywords：university library，book loan data，reservation data，admission data，inventory data

数据集基本信息

数据集中文名称	2013—2018 年 12 所高校图书馆业务数据集
数据集英文名称	Dataset of 12 University Libraries 2013—2018
数据作者	安徽大学图书馆、东华大学图书馆、复旦大学图书馆、南京大学图书馆、上海财经大学图书馆、上海大学图书馆、上海电力大学图书馆、上海海洋大学图书馆、上海师范大学图书馆、上海外国语大学图书馆、同济大学图书馆、浙江大学图书馆
通讯作者	成伟华
版 本 号	V1.0
版本时间	20190529
国　　家	中国
语　　种	中文
数据覆盖时间范围	2013—2018
地理区域	中国
数据格式	.xlsx；.csv；.mdb
数据体量	数据记录 125 873 583 条；19.8 GB
关 键 词	高校图书馆；外借数据；预约数据；入馆数据；馆藏数据
主题分类	研究数据；计算机科学；图书情报学；计量学
全球唯一标识符	hdl:20.500.12291/10218
网　　址	http://hdl.handle.net/20.500.12291/10218
数据集组成	共包含 49 个文件，包括 1 份全部数据字段说明文档，12 所高校图书馆各有 2～4 个数据文件
使用条款	本数据集可以通过在慧源科学数据平台注册登录申请获取，可以用于科学研究和教学目的，使用时须标注引用信息，禁止二次分发和商业演绎

0　背景

在 2020 年第二届"慧源共享"全国高校开放数据创新研究大赛中，安徽大学图书馆、东华大学图书馆、复旦大学图书馆、南京大学图书馆、上海财经大学图书馆、上海大学图书馆、上海电力大学图书馆、上海海洋大学图书馆、上海师范大学图书馆、上海外国语大学图书馆、同济大学图书馆、浙江大学图书馆共 12 所高校图书馆提供了 2013—2018 年的业务数据供大赛开放利用，主要包括图书外借数据、图书预约数据、读者入馆数据和馆藏数据。

1　数据采集和处理方法

读者入馆数据来自各高校图书馆的门禁/闸机系统;图书外借、预约数据和馆藏数据来自各高校的图书馆集成系统。复旦大学图书馆、上海大学图书馆和浙江大学图书馆均采用 Aleph 系统,上海海洋大学图书馆采用图创软件的 Interlib 2.0 系统,安徽大学图书馆采用妙思文献管理集成系统,其余 7 所高校图书馆的集成系统均采用汇文软件。由于系统底层数据库不同,数据查询和导出主要通过第三方数据库查询工具实现。数据集主要包括 2013—2018 年共 6 年的图书馆外借数据、预约数据、入馆数据和馆藏数据,各高校图书馆提供的数据稍有不同,详情如表 1 所示,其中各高校图书馆的数据为在数据规范统一要求下,数据清洗处理后的有效数据。

2　数据字典

表 2 至表 5 分别为图书外借数据、图书预约数据、读者入馆数据和馆藏数据的字段说明表。表中标注"可选字段"的,说明只有部分高校提供了该字段数据;表中未标注"可选字段"的,说明所有高校都提供了该字段数据。12 所高校图书馆数据集皆遵循此统一标准,同时,高校间的差异在此不做具体说明,详情需要参考数据集全部字段说明文档。

3　数据质量控制

为了确保各高校图书馆的数据规范,分别对图书外借数据、图书预约数据、读者入馆数据和馆藏数据的字段种类做出了统一要求,必选字段可以确保数据集的完整性,可选字段体现各高校数据的多样性,同时,对各数据字段制定了统一的命名标准,便于数据使用。

另外,为了确保数据的准确性,各高校数据都经过了自审、大赛组委会初审和复审三个阶段的质量控制流程。自审由各高校图书馆自行对查询语句等数据导出和整理步骤进行多次测试检验;大赛组委会初审主要核查数据格式、数据字段等是否符合统一标准;复审过程详细检查数据的准确性和完整性,查看是否有逻辑错误、缺少相应的数据说明等,对数据做出最后的完善和补充说明。

4　数据价值

图书馆的借阅数据在了解用户文献需求、分析用户阅读行为、文献采购、典藏和剔旧等方面都有重要价值。图书馆的馆藏数据是图书馆的基本业务工作和开展各项服务的物质基础。图书馆藏、学科分布、图书流通的借阅量及利用率等数据统计分析客观地反映馆藏建设、典藏管理的水平和用户需求的契合程度,也更有利于科学地分析藏书的利用情况,同时为馆藏建设、馆藏文献管理及其有效利用提供了依据。

表1 各高校图书馆业务数据概况

数据概况		复旦大学	同济大学	东华大学	上海电力大学	上海海洋大学	上海师范大学	上海外国语大学	上海财经大学	上海大学	南京大学	浙江大学	安徽大学
图书外借数据	时间范围	2013—2018	201209—201808	2013—2017	2013—2018	2013—2018（还书时间）	2013—2018	2013—2018	2013—2018	2013—2018	2013—2018	2013—2018	2013—2018
	数据记录数	1 939 326	1 978 674	884 965	433 351	821 329	1 125 716	741 896	1 055 138	1 558 690	4 552 604	2 068 043	983 442
	数据格式	.mdb	.csv;.xlsx	.xlsx	.xlsx	.xlsx;.csv	.xlsx	.xlsx;.mdb	.xlsx	.mdb	.accdb	.csv	.xlsx
图书预约数据	时间范围	2013—2018	201306—201808	20130101—20180717	无	2013—2018	2013—2018	2013—2018	2013—2018	2013—2018	2013—2018	2013—2018	2018—2019
	数据记录数	307 495	24 999	3 272		810	15 442	16 805	7 882	68 937	58 884	370 446	119
	数据格式	.mdb	.xlsx	.xlsx		.xlsx;.csv	.xlsx	.xlsx;.mdb	.xlsx	.mdb	.xlsx	.csv	.xlsx
读者入馆数据	时间范围	2013—2018	201209—201708; 201809—201908	2013—2017	2013—2018	2013—2018	2013—2018	2013—2018	2013—2018	2013—2018	201711—201812	2013—2018	2013—2018
	数据记录数	12 690 776	20 627 702	4 768 181	2 385 253	4 755 112	1 782 559	10 861 869	9 178 826	10 634 695	1 795 109	13 561 797	12 679 043
	数据格式	.csv	.csv	.csv	.xlsx	.csv	.csv;.xlsx	.csv;.mdb	.csv	.mdb	.csv	.csv	.mdb
馆藏数据	时间范围			2013—2018							2013—2018		
	数据记录数			308 193							826 203		
	数据格式			.xlsx							.xlsx		

表 2　图书外借数据字段说明

字　　段	说　　明	备　　注
UNIVERSITY_ID	学校代码	
ITEM_ID	单册唯一记录号	
SUBLIBRARY	图书所在分馆/馆藏地	
LOAN_DATE	外借日期	
LOAN_HOUR	外借时间	可选字段
DUE_DATE	到期日期	可选字段
DUE_HOUR	到期时间	可选字段
RETURNED_DATE	归还日期	
RETURNED_HOUR	归还时间	可选字段
RETURNED_LOCATION	归还地点	可选字段
ITEM_STATUS	单册状态	可选字段
RENEWAL_NO	续借次数	可选字段
LASTRENEW_DATE	最后续借日期	可选字段
RECALL_DATE	催还日期	可选字段
RECALL_DUE_DATE	催还后应还日期	可选字段
ITEM_CALLNO	单册索书号	
PUBLISH_YEAR	图书出版年	
AUTHOR	图书作者	
TITLE	图书题名	
PRESS	图书出版社	
ISBN	图书 ISBN 号	
HOLD_DAYS	外借天数	可选字段
OVERDUE_DAYS	逾期天数	可选字段
PATRON_ID	读者 ID	
STUDENT_GRADE	学生年级	
PATRON_DEPT	读者所在院系	
PATRON_TYPE	读者类型	
CARD_ID	读者条形码	上海电力大学特有字段

表 3　图书预约数据字段说明

字　　段	说　　明	备　　注
UNIVERSITY_ID	学校代码	
OPEN_DATE	预约日期	

字　　段	说　　明	备　　注
OPEN_HOUR	预约时间	
REQUEST_DATE	预约兴趣期开始日期	可选字段
END_REQUEST_DATE	预约兴趣期结束日期	可选字段
HOLD_DATE	预约满足日期	
END_HOLD_DATE	预约保留日期	
PICKUP_LOCATION	取书点	可选字段
SUBLIBRARY	图书所在分馆/馆藏地	
ITEM_STATUS	单册状态	
RECALL_STATUS	预约催还状态	可选字段
RECALL_DATE	催还日期	可选字段
PROCESSING_DAYS	满足时间长度	可选字段
EVENT_TYPE	预约类型	可选字段
FULFILLED	预约需求是否满足	
ITEM_ID	单册唯一记录号	可选字段
ITEM_CALLNO	单册索书号	
PUBLISH_YEAR	图书出版年	
AUTHOR	图书作者	
TITLE	图书题名	
PRESS	图书出版社	
ISBN	图书 ISBN 号	
PATRON_ID	读者 ID	
STUDENT_GRADE	学生年级	
PATRON_DEPT	读者所在院系	
PATRON_TYPE	读者类型	

表 4　读者入馆数据字段说明

字　　段	说　　明	备　　注
UNIVERSITY_ID	学校代码	
PATRON_ID	读者 ID	
STUDENT_GRADE	学生年级	
PATRON_DEPT	读者所在院系	

（续表）

字　　段	说　　明	备　　注
PATRON_TYPE	读者类型	
VISIT_TIME	入馆时间	
VISIT_SUBLIBRARY	入馆地点	
VISIT_TYPE	出馆/入馆	可选字段
CARD_ID	读者条形码	上海电力大学特有字段

表 5　馆藏数据字段说明

字　段　名	说　　明
UNIVERSITY_ID	学校代码
ITEM_ID	单册唯一记录号
SUBLIBRARY	图书所在分馆/馆藏地
ITEM_CALLNO	单册索书号
PUBLISH_YEAR	图书出版年
AUTHOR	图书作者
TITLE	图书题名
PRESS	图书出版社
ISBN	图书 ISBN 号
PRICE	价格
LAN	语种

对图书馆进出馆记录的分析，可以了解读者对图书馆的利用率，对图书馆的馆藏空间调整和宣传推广具有参考价值。读者入馆是读者对图书馆服务利用的原始写照，可以帮助图书馆了解、掌握不同类型读者对图书馆资源和服务的利用情况和依赖程度，并发现其中的影响因素，为后续的资源建设、服务统计及读者研究提供参考；同时，对读者到馆行为进行分析，还可以从另一个侧面体现图书馆在教学支撑服务体系中的价值，从而为调整图书馆的工作规划、服务设计等管理决策提供依据。

客观有效地利用图书馆业务数据，可为馆藏建设、经费预算及分配、服务体系构建等提供决策依据。亦可通过数据驱动利用实践，形成有效的数据分析利用机制，实现图书馆工作及决策的数据化规范。

5　数据使用方法和建议

本数据集对高校图书馆用户阅读行为、文献采购、馆藏调整等研究有重要价值，能够为高校图书馆的建设和发展研究提供数据依据,一些数据分析建议如下。

(1) 读者入馆数据

通过近 5 年读者进馆人数的比较能了解读者进馆人数比例上的增减,分析入馆总数变化的原因,并做出相应的应对策略;通过分析各馆、各藏书室读者人数和读者类型比例,针对性地调整该馆藏的共享空间大小和藏书配备比例与数量;通过分析各个时间段入馆人数,可以合理安排工作人员数量和工作时间。

(2) 图书流通数据

通过分析对比历年读者的借阅人数和借阅量,一方面可以统计出工作人员的工作量,评出工作人员工作的绩效,以便更好地改善工作方法,提高服务质量;另一方面可以结合电子资源使用情况来合理制定采购纸质书籍与电子书籍的比例。通过单本图书预约的读者量能更好地指导书籍复本的采购量。通过对比分析各馆藏书籍的借阅率大小,可以动态调配各馆藏书籍的数量和种类。通过对有借阅行为读者的类型、借阅比例、借阅书籍类型比率分析,可以更好地指导书籍采访部门有倾向性地采购书籍的种类和数量,及时改变馆藏书籍的结构,更好地满足读者的需求,提高书籍的使用价值。

以上数据分析建议主要针对图书馆本身的建设和发展,本数据集的使用范围并不局限于此,还有许多其他的学术研究意义,例如:通过多个高校图书馆的业务大数据分析,可以比较不同院校读者的阅读兴趣、阅读方向,以及阅读热点变化过程,探寻学科热点和前沿,等等。

数据引用格式

复旦大学图书馆,同济大学图书馆,东华大学图书馆,上海电力大学图书馆,上海海洋大学图书馆,上海师范大学图书馆,上海外国语大学图书馆,上海财经大学图书馆,上海大学图书馆,南京大学图书馆,浙江大学图书馆,安徽大学图书馆.12 所高校图书馆业务数据集(2013—2018)[DB/OL].[2020-05-29].http://hdl.handle.net/20.500.12291/10218 V1[Version].

作者简介

胡杰　女,复旦大学图书馆,馆员。研究方向:科学数据管理。作者贡献:数据审核、文章撰写。

成伟华　复旦大学图书馆,副研究馆员。研究方向:图书馆业务数据资源建设、数据

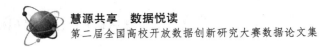

科学。作者贡献：数据预处理、数据脱敏、统筹策划、沟通联络。E-mail：weihuacheng@fudan.edu.cn。

李轶成　上海财经大学图书馆，工程师。研究方向：智慧图书馆、图书馆信息化。作者贡献：数据预处理、数据生产、文章撰写。

邓定坤　上海海洋大学图书馆，工程师。研究方向：图书馆信息化。作者贡献：数据预处理、数据生产、文章撰写。

刘建平　女，东华大学图书馆，副研究馆员。研究方向：数字图书馆。作者贡献：文章撰写。

易东林　上海外国语大学图书馆，馆员。研究方向：数字图书馆技术、信息资源建设。作者贡献：数据预处理、数据生产、文章撰写。

2017 年复旦大学师生中文电子期刊资源访问行为数据集

伏安娜　汪东伟　胡　杰　张计龙　殷沈琴

（复旦大学大数据研究院人文社科数据研究所,复旦大学图书馆）

摘要：通过 ERU 系统采集2017年复旦大学师生访问中文电子期刊数据库的行为数据,经过数据清洗和数据脱敏等预处理,最终得到3 074 443条记录。数据集对把握高校用户电子资源需求动态、了解学术信息行为、追踪学科热点轨迹,以及开展数据驱动下的智能图书馆、智慧图书馆建设有丰富的研究和应用价值。

关键词：中文期刊数据库　用户访问行为　ERU 系统　复旦大学　2017 年

Dataset of Chinese Electronic Journals Resources Access Behavior at Fudan University in 2017

Fu Anna，Wang Dongwei，Hu Jie，Zhang Jilong，Yin Shenqin

（Institute for Humanities and Social Science Data，School of Data Science，Fudan University　Fudan University Library）

Abstract：The dataset of Chinese Electronic Journals Resources Access Behavior at Fudan University in 2017 was collected by the ERU system. There are 3,074,443 records totally in the dataset after data cleaning and masking. The dataset has rich research and application value in finding the electronic resources demand of university users，understanding the academic information behavior and tracing the hotspot and trend of disciplines and developing data-driven intelligent libraries and smart libraries.

Keywords：Chinese electronic journal database，user access behavior，ERU system，Fudan University，2017

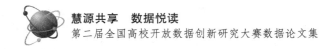

数据集基本信息

数据集中文名称	2017 年复旦大学师生中文电子期刊资源访问行为数据集
数据集英文名称	Dataset of Chinese Electronic Journals Resources Access Behavior at Fudan University in 2017
数据作者	伏安娜;汪东伟;胡杰;张计龙;殷沈琴
通讯作者	张计龙(jlzhfd@fudan.edu.cn)
作者单位	复旦大学大数据研究院人文社科数据研究所; 复旦大学图书馆
版 本 号	V1.0
版本时间	20200429
基金项目类型	国家社科一般项目
基金项目名称	大数据环境下科研数据管理关键技术与共享服务机制研究
基金项目批准号	14BTQ035
国 家	中国
语 种	中文
数据覆盖时间范围	20170101—20171231
地理区域	复旦大学
经 纬 度	北纬 N31°18′2.60″,东经 E121°29′56.60″
数据格式	.xlsx
数据体量	数据记录 3 074 443 条;590 MB
关 键 词	中文期刊数据库;用户访问行为;ERU;复旦大学;2017
主题分类	图书情报学;计算机科学;管理学
全球唯一标识符	hdl:20.500.12304/ERU2017
数据获取网址	http://hdl.handle.net/20.500.12304/ERU2017
数据集组成	共有 14 个文件,分别为 2017 年 1—12 月的浏览和下载行为数据共 12 个文件,2017 年检索行为数据共 2 个文件
使用条款	本数据集可以通过在网站注册登录获取,可以用于科学研究和教学目的,须标注引用信息,禁止二次分发和商业演绎

0　引言

　　大数据与人工智能是近年来图书情报领域的研究热点,包括人工智能驱动图书馆变革[1]、人工智能重塑图书馆[2]、人工智能与智慧图书馆的建设[3]等命题被提出并得到广泛关注。智能图书馆和智慧图书馆的研究与应用,取决于人工智能技术与图书馆业务的深度融合,具体功能和服务目标的实现依赖于各类数据资源的支撑。本数据集是采用 ERU 系统(Library Electronic Resources Using Statistical Analysis System,电子资源使用访问系统)通过网络底层所采集的 2017 年复旦大学师生访问中文电子期刊资源的行为数据,相关数据对高校图书馆探索智能化转型,发展智慧化管理与服务有丰富价值。

1　数据采集和处理方法

ERU 系统由复旦大学和复旦光华公司合作研发,系统数据的采集包括网络底层采集、数据建模处理、页面解析建模、数据规范入库四个阶段。ERU 的系统原理、架构以及关键技术等详见文献[4],本文不再赘述。本数据集是通过部署在复旦大学各校区网络出口的 ERU 系统所采集的用户访问复旦大学图书馆所订阅中文期刊数据库的检索、浏览和下载行为的结构化数据。

在数据采集中,时间范围限定为 2017 年 1 月 1 日至 12 月 31 日,平台限定为中国知网和万方数据知识服务平台,并据此筛选平台相应的期刊论文数据库。平台与数据库的归属如表 1 所示。

表 1　Database_Name 和归属期刊数据库平台的映射

序　号	Database_Name	归属期刊数据库平台
1	《中国学术期刊(网络版)》	中国知网
2	《中国学术期刊(网络版)》_特刊	中国知网
3	中国期刊全文数据库	中国知网
4	中国期刊全文数据库(世纪期刊)	中国知网
5	中国学术期刊网络出版总库	中国知网
6	中国学术期刊网络出版总库_特刊	中国知网
7	学术期刊数据库	万方数据知识服务平台

将数据导出并转化为 Microsoft Excel 格式进行存储。在数据清洗过程中,经人工检查发现,ERU 系统采集的数据有少量乱码、数值缺失的情况。具体分析后发现数据缺失主要出现在浏览和下载行为数据中对应的文献信息部分,故对不完整数据进行完善和补充。

最后为保证数据集的安全性和可利用性,对数据集进行格式转化和脱敏处理。分析各字段信息,确定 CLIENT_IP 为敏感信息字段,采用 MD5 加密算法进行不可逆脱敏处理,处理后字段保留独特性和部分可分析性。

2　数据字典和数据样本

本数据集分为两部分:第一部分是检索行为数据,共 2 个文件,包括 9 个字段(序号

1~9);第二部分是浏览和下载行为数据,按照自然月分为 12 个文件,包括 19 个字段(序号 1~8、序号 10~20),两部分数据相同字段有 8 个,共计 20 个字段,各字段相应的名称说明、样例值及备注信息详见表 2。

表 2　数 据 字 典

序号	字　段	名　称	样　例　值	备　注
1	visit_rec_ID	数据库记录号	108829364	数据记录流水号
2	RECTTIME	记录时间	2017-11-01 07:32:49:246	用户行为触发时间(精确到毫秒)
3	CLIENT_IP	用户 IP 地址	8499e753523678157f2cc72b97ccc005	
4	SESSION_ID	SESSION_ID	ssdhszay0pu2fimh3xg020xc	计算机术语,服务器创建 SESSION_ID 用于客户端连接。若客户端遇到浏览器关闭等情况,再打开浏览器会重建 SESSION_ID。通过 SESSION_ID 可以判别用户在同一时段内的访问
5	TYPE	访问类型	browse	共有 3 种访问类型:检索(search);浏览(browse);下载(download)
6	PLATFORM_ID	平台 ID	2	1 代表中国知网;2 代表万方数据知识服务平台
7	WEBSITE_IP	数据库 IP 地址	10.55.100.202:8088	根据实时动态域名解析获取的 IP
8	DATABASE_NAME	数据库名称	学术期刊数据库	用户所访问的数据库名称
9	KEYS	检索关键词	社会工作　学校　政策	仅访问类型为"检索"时有该字段
10	TITLE	题名(中文)	临床医疗中关于知情同意的实践探讨	
11	KEYWORD	关键词(中文)	知情同意;医院管理	
12	SUMMARY	摘要(中文)	近年来,医疗纠纷逐年上升,社会广泛关注,而医务界、司法界和民法理论界对医疗损害的法律适用一直存在诸多争议……	
13	AUTHOR	作者(中文)	赵继顺;薛满全	
14	AUTHOR_DEPT	作者单位(中文)	中国医科大学附属盛京医院	

（续表）

序号	字　段	名　称	样 例 值	备　注
15	PUBLISH_DATE	发表时间	2009-03-25	
16	NAME	期刊名称（中文）	中国误诊学杂志	
17	LANGUAGE	期刊语种	中文	
18	ORGANIZER	期刊主办单位	中华预防医学会	
19	SUBJECTCLASS	期刊类别	临床医学	
20	ISSN	标准国际刊号	1009-6647	

3　数据质量控制

本数据集基于 ERU 系统从网络底层采集并过滤、还原和解析,通过与国际 COUNTER 报表进行比较分析[5],一定程度上保障了数据源的完整性和准确性。此外,通过对比系统采集全部访问数据情况,确保数据的代表性。

在数据采集和处理阶段,采用程序自动采集及人工辅助干预的方法,对数据进行完整性和正确性的检验。在数据质量控制中,对内容有重复的字段进行了剔除,根据前期数据用户分析利用数据的反馈意见,剔除数值缺失严重的字段,并完成数据字段名标准化处理,更便于后续的数据分析和数据挖掘。对一些系统采集缺失的情况,根据具体问题进行修正和补充,进一步保证数据的真实性和完整性。

4　数据价值

本数据集中包含 3 074 443 条基于 ERU 系统采集的 2017 年复旦大学用户对学校图书馆订阅中文期刊数据库的检索、浏览和下载行为数据,数据字段较为丰富,对高校图书馆智能化、智慧化转型和建设有重要意义。在相关数据的驱动下,能够了解高校用户信息需求动态和信息行为特征,构建用户画像,提升高校图书馆管理和决策的科学性,为研究和设计精准化服务和个性化服务提供基础数据。

5　数据使用方法和建议

本数据集可用于分析高校用户信息需求和信息行为,分析追踪学科研究热点,也可关联其他学术行为、信息行为数据集开展相关研究。数据集还可与文献[6-8]中描述的 2015 年和 2016 年复旦大学用户的中文电子期刊资源行为数据进行关联使用。此外,本数据集也可用于探索研究人工智能赋能图书馆用户分析中的数据获取、数据分析和数据

应用方法和技术的改进。在数据分析时,使用者可根据具体需求,直接或转化格式后,使用 Microsoft Excel、SPSS、Stata、SAS、MATLAB 等软件工具,进行关联分析、聚类分析、时间序列分析以及机器学习等研究。

参考文献

［1］储节旺,陈梦蕾.人工智能驱动图书馆变革[J].大学图书馆学报,2019,37(4):5-13.

［2］茆意宏.人工智能重塑图书馆[J].大学图书馆学报,2018,36(2):11-17.

［3］初景利,段美珍.从智能图书馆到智慧图书馆[J].国家图书馆学刊,2019,28(1):3-9.

［4］张计龙,殷沈琴,陈铁.基于 ERU 的图书馆用户信息行为数据采集方法研究——以复旦大学图书馆为例[J].图书馆杂志,2014,33(12):10-16.

［5］张计龙,殷沈琴,汪东伟.基于 COUNTER 的电子资源使用统计中的标准问题探讨与研究[J].图书馆理论与实践,2016(5):95-100.

［6］殷沈琴,张计龙,汪东伟,等.2015 年复旦大学师生中文电子期刊资源访问行为数据集[J].图书馆杂志,2018,37(8):84-87.

［7］胡杰,张计龙,殷沈琴,等.2016 年复旦大学人文社会科学领域中文电子期刊资源访问行为数据集[J].图书馆杂志,2018,37(11):105-108.

［8］汪东伟,伏安娜,张计龙,等.2016 年复旦大学自然科学领域中文电子期刊资源访问数据集[J].图书馆杂志,2018,37(8):88-91.

数据引用格式

伏安娜,汪东伟,胡杰,等.2017 年复旦大学师生中文电子期刊资源访问行为数据集[DB/OL].[2020-05-27].http://hdl.handle.net/20.500.12304/ERU2017 V1[Version].

作者简介

伏安娜　女,复旦大学大数据研究院人文社科数据研究所,馆员。研究方向:科学数据管理。作者贡献:数据论文撰写,数据处理方案制定。

汪东伟　复旦大学大数据研究院人文社科数据研究所,馆员。研究方向:科学数据管理。作者贡献:数据采集与清洗,数据处理方案制定,数据论文修订。

胡杰　女,复旦大学大数据研究院人文社科数据研究所,馆员。研究方向:科学数据管理。作者贡献：数据脱敏,数据处理方案制定。

　　张计龙　复旦大学大数据研究院人文社科数据研究所,研究馆员。研究方向：科学数据管理。作者贡献：数据专题设计,数据采集,数据论文修订。E-mail：jlzhfd@fudan.edu.cn。

　　殷沈琴　女,复旦大学大数据研究院人文社科数据研究所,副研究馆员。研究方向：科学数据管理。作者贡献：数据专题设计,数据采集。

2018年复旦大学师生中文电子期刊资源访问行为数据集

汪东伟　伏安娜　胡　杰　张计龙　殷沈琴

（复旦大学大数据研究院人文社科数据研究所,复旦大学图书馆）

摘要：通过ERU系统采集2018年复旦大学师生访问中文电子期刊数据库的行为数据，共有3 131 612条记录。与问卷调查、访谈等传统社会科学研究方法获得的数据相比，ERU系统采集的日志类型数据能够避免观察者效应、霍桑效应等问题，对信息行为特征、模式的研究有重要价值，能够为智慧图书馆的建设和研究提供数据资源。

关键词：期刊数据库　用户访问行为　ERU　复旦大学　2018年

Dataset of Chinese Electronic Journals Resources Access Behavior at Fudan University in 2018

Wang Dongwei，Fu Anna，Hu Jie，Zhang Jilong，Yin Shenqin

(Institute for Humanities and Social Science Data，School of Data Science，Fudan University　Fudan University Library)

Abstract：The Dataset of Chinese Electronic Journals Resources Access Behavior at Fudan University in 2018 was collected by ERU system with 3,131,612 records in total. In contrast with the data collected by traditional social science research methods such as questionnaires and interviews，data collected by ERU system can avoid Observer Effect and Hawthorne Effect. The dataset has rich value in studying features and modes of information behavior，and can be used in developing smart libraries and relevant research.

Keywords：journal database，user access behavior，ERU，Fudan University，2018

数据集基本信息

数据集中文名称	2018年复旦大学师生中文电子期刊资源访问行为数据集
数据集英文名称	Dataset of Chinese Electronic Journals Resources Access Behavior at Fudan University in 2018

（续表）

数据作者	汪东伟;伏安娜;胡杰;张计龙;殷沈琴
通讯作者	张计龙(jlzhfd@fudan.edu.cn)
作者单位	复旦大学大数据研究院人文社科数据研究所; 复旦大学图书馆
版 本 号	V1.0
版本时间	20200429
基金项目类型	国家社科一般项目
基金项目名称	大数据环境下科研数据管理关键技术与共享服务机制研究
基金项目批准号	14BTQ035
国 家	中国
语 种	中文
数据覆盖时间范围	20180101—20181231
地理区域	复旦大学
经 纬 度	北纬 N31°18′2.60″,东经 E121°29′56.60″
数据格式	.xlsx
数据体量	数据记录 3 131 612 条;786 MB
关 键 词	期刊数据库;用户访问行为;ERU;复旦大学;2018
主题分类	图书情报学;计算机科学;管理学
全球唯一标识符	hdl:20.500.12304/ERU2018
数据获取网址	http://hdl.handle.net/20.500.12304/ERU2018
数据集组成	共有 14 个文件,分别为 2018 年 1—12 月的浏览和下载行为数据共 12 个文件, 2018 年检索行为数据共 2 个文件
使用条款	本数据集可以通过在网站注册登录获取,可以用于科学研究和教学目的,须标注 引用信息,禁止二次分发和商业演绎

0 引言

信息行为研究一直是图书情报学中的重要内容。随着信息技术的发展,信息行为研究逐渐进入"数据驱动"时代。与传统研究不同,"数据驱动"的信息行为研究更关注用户与各类信息系统平台及信息本身自然交互过程中留下来的外在的、非介入的、客观的数据记录,规避了传统研究方法由于研究样本(用户)的主观观点,及可能无意或有意地偏离正式情景而带来的研究结果偏差的弊端[1],高质量的日志数据是新范式下信息行为研究的重要资源。

19

本数据集是通过 ERU 系统采集的 2018 年复旦大学师生访问中文电子期刊资源的结构化行为数据,是开展数据驱动的信息行为研究的重要数据资源。

1　数据采集和处理方法

ERU 数据采集是通过网探硬件和网络出口核心交换机镜像口连接,采用数据流建模技术,基于网络底层采集原始数据再拼接还原,整个过程需要逐步将网络的高速背景流量(峰值速率为 1 000 MB/s 级)过滤为纯电子资源访问的低速流量(峰值速率为 50 MB/s 级),然后通过识别有效网页(峰值速率为 10 MB/s 级)并提取有意义的文本信息(128 KB/s 或更低)进行建模,最终变为数据库标准记录(50 条/s 级别)[2]。

1.1　数据采集

通过 ERU 系统抓取复旦大学用户访问复旦大学图书馆订阅期刊数据库的检索、浏览和下载行为数据。将数据导出后进行格式转化,根据数据情况和 Microsoft Excel 的文件要求,将数据分为 14 个表格文件,其中检索数据分为 2 个文件,浏览和下载数据按月分为 12 个文件。

在数据采集中,设定条件如下:
(1) 时间范围:2018 年 1 月至 12 月;
(2) 限定平台为中国知网和万方数据知识服务平台;
(3) 筛选出平台相应的期刊论文数据库,平台与数据库的归属如表 1 所示。

表 1　Database_Name 和归属期刊数据库平台的映射

序　号	Database_Name	归属期刊数据库平台
1	《中国学术期刊(网络版)》	中国知网
2	《中国学术期刊(网络版)》_特刊	中国知网
3	中国期刊全文数据库	中国知网
4	中国期刊全文数据库(世纪期刊)	中国知网
5	中国学术期刊网络出版总库	中国知网
6	中国学术期刊网络出版总库_特刊	中国知网
7	学术期刊数据库	万方数据知识服务平台

1.2　数据清洗

对系统采集数据进行人工对比检查,对数据的检查包括网络异常、程序错误等造成的数据缺失等问题。此外,也包括数据格式、字段标准化命名和数据完整性等。数据清洗过程中还对异常数据进行了修正、剔除和补充。

1.3　数据脱敏

本数据集中的敏感信息为 CLIENT_IP 字段,采用 MD5 加密算法进行不可逆脱敏处理,处理后字段保留独特性和部分可分析性。

2　数据字典和数据样本

本数据集 14 个文件共涉及 20 个字段,字段名称说明、样例值和备注信息如表 2 所示。

表 2　数据字典

序号	字　段	名　称	样　例　值	备　注
1	visit_rec_ID	数据库记录号	108829896	数据记录流水号
2	RECTTIME	记录时间	2018-11-01 07:32:49:246	用户行为触发时间(精确到毫秒)
3	CLIENT_IP	用户 IP 地址	205a6bbe13275772e9645ec2495347cb	
4	SESSION_ID	SESSION_ID	ssdhszay0pu2fimh3xg020xc	计算机术语,服务器创建 SESSION_ID 用于客户端连接。若客户端遇到浏览器关闭等情况,再打开浏览器会重建 SESSION_ID。通过 SESSION_ID 可以判别用户在同一时段内的访问
5	TYPE	访问类型	download	共有 3 种访问类型:检索(search);浏览(browse);下载(download)
6	PLATFORM_ID	平台 ID	1	1 代表中国知网;2 代表万方数据知识服务平台
7	WEBSITE_IP	数据库 IP 地址	10.55.100.202:8088	根据实时动态域名解析获取的 IP
8	DATABASE_NAME	数据库名称	学术期刊数据库	用户所访问的数据库名称
9	KEYS	检索关键词	利己主义 福利	仅访问类型为"检索"时有该字段
10	TITLE	题名(中文)	信用管理信息系统研究	
11	KEYWORD	关键词(中文)	信用管理;信用控制;信息系统	

(续表)

序号	字　段	名　称	样例值	备　注
12	SUMMARY	摘要(中文)	信用是现代社会重要的生产和社会关系,信用管理是市场经济环境下企业十分重要的工作……	
13	AUTHOR	作者(中文)	邓礼全	
14	AUTHOR_DEPT	作者单位(中文)	电子科技大学成都学院	
15	PUBLISH_DATE	发表时间	2016-07-01	
16	NAME	期刊名称(中文)	中国管理信息化	
17	LANGUAGE	期刊语种	中文	
18	ORGANIZER	期刊主办单位	吉林科学技术出版社	
19	SUBJECTCLASS	期刊类别	经济与管理综合;电子信息科学综合	
20	ISSN	标准国际刊号	1673-0194	

3　数据质量控制

通过网络底层进行用户信息行为数据采集、处理、解析和建模技术,运用知识发现和智能信息技术,从方法论上解决了图书馆电子资源的异构系统和异构数据库问题,通过和国际 COUNTER 报表进行比较分析[3],一定程度上保障了数据源的完整性和准确性,分析数据占比情况,保障数据集中的行为数据有一定的代表性。

通过系统采集和人工干预结合的方式,保障数据质量。人工干预方面主要针对数据进行完整性判断,对必需的字段进行补充采集,进行数据转换与敏感信息变形处理,保障数据的完整性、安全性和可分析性。

4　数据价值

本数据集是基于 ERU 系统采集的 2018 年全年复旦大学用户对中文期刊的检索、浏览和下载行为的结构化数据,总数据量 3 131 612 条。与问卷调查、访谈、用户日记等传统社会科学研究方法获得的数据不同,ERU 系统采集的日志类型数据能够避免观察者效应、霍桑效应等问题,对信息行为特征、模式的研究具有重要价值。

此外,近年来,随着信息主体所依附的信息管径复杂程度日益增强,用户信息行为的影响因素更趋复杂,受到社会学、心理学、信息科学、传播学、医疗健康等多个学科领域研究者的关注[4]。本数据集也将为不同学科领域信息行为的研究和应用提供基础支撑。

5 数据使用方法和建议

基于本数据集可开展用户信息行为模式的识别、用户行为偏好揭示、用户需求内容的解读研究，可结合其他问卷调查、深入访谈、参与观察和实验等途径获取的用户信息行为内在机理研究数据进行融合研究。此外，本数据集还可尝试进一步处理探索形成人工智能训练数据集，也可用于大数据时代用户信息行为研究的行为理论、分布式数据挖掘以及数据可视化等相关问题的分析和研究。未来的研究可根据研究目标和内容，基于EXCEL、SPSS、Stata、SAS、MATLAB等工具，开展基于统计分析法、建模分析与预测、聚类分析以及机器学习等相关研究。

参考文献

［1］李月琳,章小童.数据驱动的信息行为研究的回顾与展望[J].信息资源管理学报，2018(2)：15-29.

［2］张计龙,殷沈琴,陈铁.基于ERU的图书馆用户信息行为数据采集方法研究——以复旦大学图书馆为例[J].图书馆杂志,2014,33(12)：10-16.

［3］张计龙,殷沈琴,汪东伟.基于COUNTER的电子资源使用统计中的标准问题探讨与研究[J].图书馆理论与实践,2016(5)：95-100.

［4］潘颖,郑建明.多学科视角下国外用户信息行为研究述评[J].图书馆,2019(9)：67-74.

数据引用格式

汪东伟,伏安娜,胡杰,等.2018年复旦大学师生中文电子期刊资源访问行为数据集［DB/OL］.［2020-05-27］.http://hdl.handle.net/20.500.12304/ERU2018 V1［Version］.

作者简介

汪东伟 复旦大学大数据研究院人文社科数据研究所,馆员。研究方向：科学数据管理。作者贡献：数据论文初稿,采集与清洗。

伏安娜 女,复旦大学大数据研究院人文社科数据研究所,馆员。研究方向：科学数

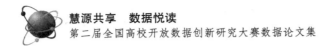

据管理。作者贡献：数据论文修订，数据处理方案制定。

胡杰 女，复旦大学大数据研究院人文社科数据研究所，馆员。研究方向：科学数据管理。作者贡献：数据与脱敏，数据处理方案制定。

张计龙 复旦大学大数据研究院人文社科数据研究所，研究馆员。研究方向：科学数据管理。作者贡献：数据专题设计，数据采集，数据论文修订。E-mail：jlzhfd@fudan.edu.cn。

殷沈琴 女，复旦大学大数据研究院人文社科数据研究所，副研究馆员。研究方向：科学数据管理。作者贡献：数据专题设计，数据采集。

万方数据知识服务平台期刊
文献用户行为日志

梅葆瑞 吴 钊 孙天慈

（北京万方数据股份有限公司）

摘要：万方数据知识服务平台期刊文献用户行为日志（2019 年 12 月 31 日—2020 年 1 月 31 日）采集自万方数据知识服务平台日志系统。本数据集包含了用户在使用平台期刊资源时的检索、浏览、下载等行为日志，结果共有浏览日志 91 607 790 条，下载日志 16 590 613 条，检索日志 50 407 263 条。本数据集对用户 ID 进行了脱敏操作，将用户 IP 转换为用户所在省份。本数据集可以用于个性化推荐、预测热门公共事件、发现热门领域、发现交叉学科、发现新学科等方向的研究，具有实用价值和科研价值。

关键词：万方数据 用户行为 期刊数据库

The User Behavior Log of Wanfang Data Knowledge
Service Platform about Using Periodical Literature

Mei Baorui，Wu Zhao，Sun Tianci

（Wanfang Data Co.，LTD.）

Abstract：The user behavior log（December 31，2019-January 31，2020）about acquiring periodical literature is collected from Wanfang Data knowledge service platform log system. This log set record series user behavior including retrieval，browsing and downloading when using the periodical resources. The data set results show that there are 91,607,790 browsing logs，16,590,613 downloading logs and 50,407,263 retrieval logs. The data set of user ID have been desensitized and the data filed of "user IP" is replaced by "province". This data set can be used for personalized recommendation，prediction of hot public events，discovering of hot issues as well as exploring interdisciplinary and new disciplines which possess high value both theoretical research and actual practice.

Keywords：Wanfang Data，user behavior，periodical literature database

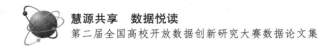
数据集基本信息

数据集中文名称	万方数据知识服务平台期刊文献用户行为日志
数据集英文名称	The User Behavior Log of Wanfang Data Knowledge Service Platform about Using Periodical Literature
数据作者	梅葆瑞；吴钊；孙天慈
通讯作者	梅葆瑞
作者单位	北京万方数据股份有限公司
版 本 号	V1.0
版本时间	20200315
国　　家	中国
语　　种	中文
数据覆盖时间范围	20191231—20200131
地理区域	中国
数据格式	.csv
数据体量	浏览日志：91 607 790 条 下载日志：16 590 613 条 检索日志：50 407 263 条 共 9.68 GB
关 键 词	万方数据；用户行为；期刊数据库
主题分类	研究数据；科学数据；图书情报学；计算机科学
全球唯一标识符	hdl：20.500.12291/10221
网　　址	http://hdl.handle.net/20.500.12291/10221
数据集组成	共 4 个文件，包括 1 个数据字段说明文档和 3 个用户行为日志文件（解压后获得 3 个 csv 文件）
使用条款	本数据集可以通过在慧源科学数据平台注册登录申请获取，可以用于 2020 年第二届"慧源共享"全国高校开放数据创新研究大赛或其他科学研究和教学目的，使用时须标注引用信息，禁止二次分发和商业演绎

0　背景

　　万方数据知识服务平台是由万方数据研发的信息资源出版、增值服务平台。其集成了期刊、学位、会议、科技报告、专利、标准、科技成果、法规、地方志、视频等十余种知识资源类型，覆盖自然科学、工程技术、医药卫生、农业科学、哲学政法、社会科学、科教文艺等全学科领域，实现海量学术文献统一发现及分析，支持多维度组合检索，适合不同用户群研究。本数据集采集了万方数据知识服务平台期刊资源的访问行为日志(2019 年 12 月 31 日—2020 年 1 月 31 日),其中涉及个人、机构及资源的敏感数据都已进行了脱敏处理。

1　数据采集和处理方法

本数据集中的数据是基于万方数据知识服务平台日志系统构建的。万方数据知识服务平台日志系统采集了用户在使用平台资源时的检索、浏览、下载等行为日志。行为日志中包含用户 ID、用户操作 IP、操作文献 ID 及检索词等信息。

为了聚焦研究范围以及考虑到资源字段的完整性,从全库的访问日志集筛选出期刊数据库的访问日志。为了便于研究使用,对日志数据集中的数据进行了补充。根据操作文献 ID 补充了文献额外的基本信息:文献标题、文献关键词、文献学科号、文献作者及文献作者单位。根据用户操作 IP 补充了用户操作所在省份。

为了确保对敏感隐私数据的可靠保护,对数据集进行了脱敏。将用户 ID 字段进行了 MD5 加密。本脱敏方法在确保脱敏数据不可恢复的同时也保证了同样的 ID 在脱敏后依旧保证一致性,不影响对该字段的进一步分析。在脱敏的同时,保证了数据的应用价值。

2　数据字典

数据字典包括了字段、对应的名称样例值和备注,详情如表 1、表 2 所示。

表 1　检索日志数据字典

序号	字段名	字段名解释	样　例　值	备　注
1	USER_ID	用户唯一标识	17eae5379a51ddba	脱敏数据
2	USER_TYPE	用户类型	group	group 为机构集体账号 person 为个人
3	SEARCH_WORD	检索词	高职护生 道德	
4	DATATIME	检索行为发生时间	2019-12-22T03：02：03.146Z	
5	PROVINCE	用户操作所在省份	河北	

表 2　下载/浏览日志数据字典

序号	字段名	字段名解释	样　例　值	备　注
1	USER_ID	用户唯一标识	cd6445979482ec72	脱敏数据
2	USER_TYPE	用户类型	group	group 为机构集体账号 person 为个人

（续表）

序号	字段名	字段名解释	样　例　值	备　注
3	ARTICLE_ID	文献 ID	zgcytzygkj201922130	
4	ARTICLE_TITLE	文献标题	公开招标与邀请招标的比较与选择	
5	DATATIME	下载时间/浏览时间	2019-12-22T03：02：03.146Z	
6	PROVINCE	用户操作所在省份	河北	
7	KEYWORDS	文献关键词	激光振动测试仪；振动监测；实验教学	多个关键词,用分号分割
8	CLASSCODE	文献学科号	TP；R	学科号为中图分类号,多个学科号用分号分割
9	AUTHOR	文献作者	刘树勇；刘永葆；卢锦芳；柴凯；苏攀	多个作者用分号分割
10	UNIT	文献作者单位	海军工程大学；湖南大学	多个作者单位用分号分割
11	TYPE	行为类型	1	1：下载 2：浏览（查看了文献的基本信息但是没有下载）

3　数据质量控制

本数据集是基于万方数据知识服务平台的原始日志数据集,由系统在进行业务处理时直接记录,确保了数据的质量、有效性和准确性。通过再加工,在数据中补充了文献标题、关键词、学科号、作者姓名、作者单位等更多相关信息。为了确保数据的有效性,删除了缺少用户 ID、文献 ID 等必要字段的数据。

4　数据价值

本数据集覆盖了万方数据知识服务平台 2019 年 12 月 31 日—2020 年 1 月 31 日期间所有个人及机构用户对平台期刊资源的访问行为日志。共有浏览日志 91 607 790 条,下载日志 16 590 613 条,检索日志 50 407 263 条。

本数据集具有较高的研究价值和应用价值,基于此数据可以进行用户画像、推荐系统设计,以及恶意下载行为监控、交叉学科分析、监控热门公共事件、发现新兴研究领域等方向的研究,具有很高的应用价值和科研研究价值,可以满足不同使用者的需求。

5　数据使用方法和建议

本数据集的关联分析可以分为如下几个方向：

（1）读者个性化推荐（热门文献推荐，个性化文献推荐，研究领域推荐）；

（2）预测热门公共事件、研究领域；

（3）研究文献基本信息（是否核心期刊、被引数、期刊影响因子、年份等）与文献下载转换率（从浏览行为转换为下载行为）的关系；

（4）发现交叉学科、新学科的研究；

（5）在线学术文献使用时段分析的研究；

（6）针对机构相似度的研究。

参考文献

［1］殷沈琴,张计龙,汪东伟,等.2015 年复旦大学师生中文电子期刊资源访问行为数据集［J］.图书馆杂志,2018,37(8)：84-87.

数据引用格式

万方数据.万方数据知识服务平台期刊文献用户行为日志［DB/OL］.［2020-05-29］.http：//hdl.handle.net/20.500.12291/10221 V1［Version］.

作者简介

梅葆瑞　北京万方数据股份有限公司,创新业务发展中心副总经理。作者贡献：确定数据遴选标准,数据预处理、数据生产和论文写作。E-mail：meibaorui@126.com。

吴钊　女,北京万方数据股份有限公司,创新业务发展中心总经理。作者贡献：主题策划,确定数据库遴选标准。

孙天慈　女,北京万方数据股份有限公司,市场部主任。作者贡献：主题策划。

2016年中国流动人口动态监测调查数据集

刘金伟　陈　晶

（国家卫生健康委流动人口服务中心）

摘要：2016年中国流动人口动态监测调查数据是原国家卫生计生委组织实施的一年一度大规模全国性的流动人口动态监测抽样调查数据。调查覆盖全国31个省（区、市）和新疆生产建设兵团，调查样本16.9万，涉及流动人口家庭及其成员约45万人。该数据集可广泛应用于科学研究，与大数据相结合分析人口流动与经济社会发展的关系；可以为政府决策服务、区域和城市规划提供数据支撑；依据人口流动的区域分布配置资源等为经济社会发展提供服务。因此，具有较高的研究和实际应用价值。

关键词：流动人口　动态监测调查　2016

Dataset of China Migrants Dynamic Survey in 2016

Liu Jinwei，Chen Jing

（Migrant Population Service Center，National Health Commission）

Abstract：The dataset of China Migrants Dynamic Survey in 2016，is the data of the annual large-scale migrants dynamic sampling survey organized and implemented by the National Health Commission. The survey covered 31 provinces（autonomous regions and municipalities）and Xinjiang Production and Construction Corps，with 169,000 samples，involving 450,000 migrant population families and their members. The dataset can be widely used in scientific research，and combined with big data to analyze the relationship between population mobility and economic and social development. It can be used in government decision-making，by providing data support for regional and urban planning. It also can be used in providing data services for economic and social development，by allocating resources according to the regional distribution of population. Therefore，it has high research and practical application value.

Keywords：migrant population，dynamic survey，2016

数据集基本信息

数据集中文名称	2016 年中国流动人口动态监测调查数据集
数据集英文名称	Dataset of China Migrants Dynamic Survey in 2016
数据作者	国家卫生健康委员会
通讯作者	陈晶
作者单位	国家卫生健康委流动人口服务中心
版　本　号	V1.0
版本时间	20161001
国　　家	中国
语　　种	中文
数据覆盖时间范围	20160501—20160531
地理区域	全国 31 个省(区、市)和新疆生产建设兵团
经纬度	73°33′E 至 135°05′E,3°51′N 至 53°33′N
数据格式	.sav;.dta
数据体量	sav 格式 447 MB,dta 格式 73.5 MB
关　键　词	流动人口;动态监测调查;2016
主题分类	研究数据;科学数据;管理数据
全球唯一标识符	hdl:20.500.12291/10227
网　　址	https://www.chinaldrk.org.cn http://hdl.handle.net/20.500.12291/10227
数据集组成	共 4 个文件,包括 1 份调查问卷、1 个变量说明文档和 2 个不同格式的数据文件
使用条款	本数据集可以通过在流动人口数据平台注册登录申请获取,可以用于科学研究和教学目的,使用时须标注引用信息,禁止二次分发和商业演绎

0　背景

为了解流动人口生存发展状况及公共卫生服务利用等情况,自 2009 年起,原国家人口计生委启动了全国流动人口动态监测调查项目,到 2018 年已经连续开展了 10 年。中国流动人口动态监测调查数据(China Migrants Dynamic Survey,简称 CMDS),是原国家卫生计生委流动人口司组织的大规模全国性流动人口抽样调查数据,调查覆盖全国 31 个省(区、市)和新疆生产建设兵团,平均每年调查约 7 000 个村居近 18 万户,涉及流动人口家庭成员约 45 万人,10 年累计调查样本 200 多万个。内容涉及流动人口及家庭成员人口基本信息、流动范围和趋向、就业和社会保障、收支和居住、基本公共卫生服务、婚育和计划生育服务管理、子女流动和教育、心理文化等。此外还包括流动人口社会融合与心理健康专题调查、流出地卫生计生服务专题调查、流动老人医疗卫生服务专题调查等。根据流动人口卫生计生服务管理工作和政策研究的需要,2016 年继续在全国组织开展了流入地监测调查。

1　数据采集和处理方法

2016 年中国流动人口动态监测调查数据按照随机原则在全国 31 个省(区、市)和新疆生产建设兵团流动人口较为集中的流入地抽取样本点,开展抽样调查,使调查结果对全国和各省份具有代表性。调查对象是在流入地居住一个月及以上,非本区(县、市)户口的 15 周岁及以上流入人口。2016 年调查样本包含了全国 430 个地市的 7 600 个村居,总样本量约为 16.9 万人,涉及流动人口家庭成员共计约 45 万人。该调查以 31 个省(区、市)和新疆生产建设兵团 2016 年全员流动人口年报数据为基本抽样框,采取分层、多阶段、与规模成比例的 PPS 方法进行抽样。"分层"主要是将 31 个省(区、市)和新疆生产建设兵团作为子总体,将省会城市、计划单列市以及个别重点城市作为必选层,其他城市作为一层,然后在每个层内按乡(镇、街道)属性排序,进行内隐分层,最后在抽中的乡(镇、街道)内按村(居)委会级流动人口的居住形态排序,进行内隐分层。"多阶段"主要是指第一阶段按 PPS 法抽选乡(镇、街道),第二阶段在抽中的乡(镇、街道)内按 PPS 法抽选村(居)委会,第三阶段在抽中的村(居)委会内抽取个人调查对象。

调查方式主要分为两种,采用纸质问卷和利用安装计算机辅助面访系统的智能手机或 PAD 开展面对面调查。由经过统一培训的调查员直接访问被调查对象,填报个人问卷。调查内容由各监测点通过流动人口动态监测系统在线或离线填报上报。

对数据的处理具有较为系统的设计和严谨的步骤。一是对数据进行系统的清理,做相关补充调查和校正,例如对奇异值部分进行电话回访等。二是开展清理评估,评价数据的一致性、合理性和有效性等,评估报告直接反馈调查组织方用以督促各地提高调查质量。三是加权处理,主要包括无回答权数、事后调整权数和标准化权数。当调查中发生样本替换或者调查对象不符合要求时,在数据清理阶段就进行了清除,此时在加权处理时进行了无回答处理;由于无法直接获得总体的性别年龄结构,拟用第三阶段抽样框作为一个近似总体,从中获得性别年龄结构,设定为样本的事后调整权数,就是事后调整权数处理。因为权数构成比较复杂,为了避免出现应用上的错误,提供数据时一般提供了最终权数。

2　数据字典和数据样本

2016 年中国流动人口动态监测调查数据主要内容包括人口基本特征、流动特征、家庭成员和收支、就业和社会保障、居留与落户意愿、婚育与公共卫生等方面。详见表 1。

表1 2016年中国流动人口动态监测调查数据集变量列表

特征分类	变量名称 标签
家庭成员与收支情况	Q101ID1 "成员序列号"
	Q101A1 "与被访者关系"
	Q101B1 "性别"
	Q101C1Y "出生年"
	Q101C1M "出生月"
	Q101D1 "民族"
	Q101E1 "受教育程度"
	Q101F1 "户口性质"
	Q101G1 "婚姻状况"
	Q101H1 "是否中共党员"
	Q101I1 "是否本地户籍人口"
	Q101J1 "户籍地省份"
	Q101K1 "现居住地"
	Q101L1 "本次流动范围"
	Q101M1Y "本次流动年份"
	Q101M1M "本次流动月份"
	Q101N1 "本次流动原因"
	Q102 "过去一年,全家在本地由就业单位包吃或者包住的人口数"
	Q1021 "单位每月包吃总共折算为多少钱"
	Q1022 "单位每月包住总共折算为多少钱"
	Q103 "过去一年,全家在本地每月住房支出多少钱"
	Q104 "过去一年,全家在本地每月总支出多少钱"
	Q105 "过去一年,全家在本地每月总收入多少钱"
流动和就业	Q201 "总共流动次数"
	Q202A "本次流动开始时间"
	Q204A "本次流动范围"
	Q204AX "跨省流动的省份名称"
	Q205A1 "本次是否是独自流动"
	Q205A2 "本次是否是跟配偶一起流动"
	Q205A3 "本次是否是与父母/岳父母/公婆一起流动"
	Q205A4 "本次是否是跟子女一起流动"
	Q205A5 "本次是否是跟兄弟姐妹一起流动"

（续表）

特征分类	变量名称　标签
流动和就业	Q206A "本次流动的主要原因"
	Q202B "首次流动开始时间"
	Q203B "首次流动结束时间"
	Q204B "首次流动范围"
	Q204BX "跨省流动的省份名称"
	Q205B1 "首次是否是独自流动"
	Q205B2 "首次是否是跟配偶一起流动"
	Q205B3 "首次是否是与父母/岳父母/公婆一起流动"
	Q205B4 "首次是否是跟子女一起流动"
	Q205B5 "首次是否是跟兄弟姐妹一起流动"
	Q206B "首次流动的主要原因"
	Q207 "外出累计时间多长"
	Q208 "五一之前一周是否做过一小时以上有收入的工作"
	Q208X "这周工作了几个小时"
	Q209 "未工作的主要原因"
	Q210 "四月份是否找过工作"
	Q211 "目前工作获得途径"
	Q212 "现在的主要职业"
	Q213 "现在的主要行业"
	Q214 "现在的就业单位性质"
	Q215 "现在的就业身份"
	Q216 "与目前就业单位签订何种就业合同"
	Q217 "个人上个月或上次就业纯收入"
	Q218 "在您首次流动/外出前,您的父母是否有过外出务工/经商的经历"
	Q219A1 "您是否参加养老保险（含新农保、养老金等）"
	Q219A2 "您在何地参加养老保险（含新农保、养老金等）"
	Q219B1 "您是否参加失业保险"
	Q219B2 "您在何地参加失业保险"
	Q219C1 "您是否参加工伤保险"
	Q219C2 "您在何地参加工伤保险"
	Q219D1 "您是否参加生育保险"
	Q219D2 "您在何地参加生育保险"

特征分类	变量名称　标签
流动和就业	Q219E1 "您是否参加住房公积金"
	Q219E2 "您在何地参加住房公积金"
	Q220A1 "您是否参加新型农村合作医疗保险"
	Q220A2 "您在何地参加新型农村合作医疗保险"
	Q220B1 "您是否参加城乡居民合作医疗保险"
	Q220B2 "您在何地参加城乡居民合作医疗保险"
	Q220C1 "您是否参加城镇居民医疗保险"
	Q220C2 "您在何地参加城镇居民医疗保险"
	Q220D1 "您是否参加城镇职工医疗保险"
	Q220D2 "您在何地参加城镇职工医疗保险"
	Q220E1 "您是否参加公费医疗"
居留和落户意愿	Q301 "您老家(户口所在地)所处的地理位置"
	Q302 "您现住房属于下列何种性质"
	Q303A "您是否在本地购买住房"
	Q303B "您是否在户籍地——区县政府所在地购买住房"
	Q303C "您是否在户籍地——乡政府所在地购买住房"
	Q303D "您是否在户籍地——村购买住房"
	Q303E "您是否在其他地方购买住房"
	Q304A "您是否打算在本地购买住房"
	Q304B "您是否打算在户籍地——区县政府所在地购买住房"
	Q304C "您是否打算在户籍地——乡政府所在地购买住房"
	Q304D "您是否打算在户籍地——村购买住房"
	Q304E "您是否打算在其他地方购买住房"
	Q305 "您今后是否打算在本地长期居住(5年以上)"
	Q306 "如果您符合本地落户条件,您是否愿意把户口迁入本地"
	Q307 "你打算什么时候返乡"
	Q308 "您打算回到家乡的什么地方"
	Q309 "您打算去什么级别的地方"
婚育和卫生计生服务	Q401 "您是否在本地建立了居民健康档案"
	Q402A "过去一年,您在现居住社区是否接受过职业病防治方面的健康教育"
	Q402B "过去一年,您在现居住社区是否接受过性病/艾滋病防治方面的健康教育"
	Q402C "过去一年,您在现居住社区是否接受过生殖与避孕/优生优育方面的健康教育"

（续表）

特征分类	变量名称　标签
婚育和卫生计生服务	Q402D "过去一年,您在现居住社区是否接受过结核病防治方面的健康教育"
	Q402E "过去一年,您在现居住社区是否接受过控制吸烟方面的健康教育"
	Q402F "过去一年,您在现居住社区是否接受过精神病障碍防治方面的健康教育"
	Q402G "过去一年,您在现居住社区是否接受过慢性病防治方面的健康教育"
	Q402H "过去一年,您在现居住社区是否接受过营养健康方面的健康教育"
	Q402I "过去一年,您在现居住社区是否接受过防雾霾方面的健康教育"
	Q403A "您在现居住社区是否通过健康知识讲座接受上述健康教育"
	Q403B "您在现居住社区是否通过宣传资料接受上述健康教育"
	Q403C "您在现居住社区是否通过宣传栏接受上述健康教育"
	Q403D "您在现居住社区是否通过面对面咨询接受上述健康教育"
	Q403E "您在现居住社区是否通过社区网站咨询接受上述健康教育"
	Q403F "您在现居住社区是否通过社区医生传授接受上述健康教育"
	Q403G "您在现居住社区是否通过社区短信/微信接受上述健康教育"
	Q403H "您在现居住社区是否通过电子显示屏接受上述健康教育"
	Q404Y "您初婚/和他(她)在一起的年份"
	Q404M "您初婚/和他(她)在一起的月份"
	Q405 "您有几个亲生子女"
	q406id1 "子女编号"
	q406a1 "子女性别"
	q406b1y "子女出生年份"
	q406b1m "子女出生月份"
	q406c1 "子女户籍地"
	q406d1 "子女出生地"
	q406e1 "子女居住地"
	q406f1 "主要照料人"
	q406g1 "母亲建立孕产妇档案的时间"
	q406h1 "是否接种目前年龄应该接种的所有国家规定免费疫苗"
	q406i1 "孩子托育情况"
	q406j1y "孩子进入托儿所/幼儿园的年份"
	q406j1m "孩子进入托儿所/幼儿园的月份"
	q406k1 "接受了几次产前检查"
	q406l1 "产后28天是否接受产后探视"
	q406m1 "产后42天是否接受产后探视"

* 因相关工作管理需要,部分指标暂未列出。

3 数据质量控制

在项目数据调查和处理过程中主要采取了以下几种质量控制措施：一是科学设计问卷。根据调查目的制定指标体系，设置调查问题，在广泛征询专家意见和试调查的基础上设计和完善调查问卷，并提供相关定义、说明和逻辑文件。二是规范化师资培训，开发统一的培训手册，制定统一的培训内容和标准。三是严格选拔调查督导员和调查员，并进行集中培训，确保准确、统一理解调查内容和调查问卷。四是在数据采集系统开发中增强逻辑校验功能，并对上报数据采取逻辑校验、电话回访等方式进行质量校核。五是根据抽样框质量、数据真实性和差错率、调查组织实施规范率等指标，开展调查质量评估。

4 数据价值

本数据集涉及样本范围广，数据代表性较高，数据处理严谨科学，质量较高。本数据集可广泛应用于科学研究，与大数据相结合分析人口流动与经济社会发展的关系；可以为政府决策服务，为区域和城市规划提供数据支撑；可以用于教育教学，指导学生撰写学术论文，开展数据应用的学术训练；可以为经济社会发展提供服务，依据人口的区域分布配置资源、提供服务等。因此，本数据集具有较高的研究和应用价值，能够满足不同层次的需求。

5 数据使用方法和建议

建议从以下几个方面对数据进行充分挖掘和利用：

（1）开展相关数据的关联分析，对于与人口流动迁移有关的相关科研领域，可以深入进行跨学科的数据关联分析。

（2）开展关于人口流动的深度研究，包括流动人口基本状况、流动人口的分布、流动人口的市民化与社会融合等，为各级政府、科研院所提供人口基础数据支持。

（3）与人口大数据等创建数据交换互联，充分提取人群相关特征开拓智能服务，构筑应用生态，推动数据应用的深度挖掘和开发。

（4）为各类数据应用活动提供数据服务，如数据可视化大屏展示、数据分析竞赛等，进一步扩大数据及相关产品的应用广度、深度及影响力。

数据引用格式

数据来源参考以下规范：

中文表达方式：国家卫生健康委流动人口数据平台（www.chinaldrk.org.cn）；

英文表达方式：National Migrant Population Data Resource Platform（http://www.chinaldrk.org.cn）。

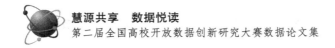

致谢方式参考以下规范：

中文致谢方式："感谢国家卫生健康委流动人口服务中心（http：//www.chinaldrk.org.cn)提供数据支撑。"

英文致谢方式：Acknowledgement for the data support from Migrant Population Service Cencter，National Health Commission P.R.China（http：//www.chinaldrk.org.cn).

作者简介

刘金伟　国家卫生健康委流动人口服务中心，研究员。研究方向：社会人口研究。作者贡献：数据管理制度和标准建设。

陈晶　女,国家卫生健康委流动人口服务中心，副研究员。研究方向：社会人口研究。作者贡献：数据处理和数据开发。E-mail：okokok_cj@163.com。

2020 年 3—4 月全国中小学晓黑板直播课堂互动数据集

胡　杰[1]　周　叶[2]

（1 复旦大学图书馆　2 上海晓信信息科技有限公司）

摘要：全国中小学晓黑板直播课堂互动数据集来自家校沟通管理工具"晓黑板"App 在线直播功能的后台数据，主要包括学校、年级、班级、老师等基础信息数据和直播行为等课堂互动数据。2020 年 3—4 月期间，晓黑板直播课堂互动数据记录数日均约为 1 000 万条。数据集对疫情期间老师在线授课、学生线上学习、课堂互动等行为有重要的研究价值。

关键词：晓黑板　在线教学　直播课堂

Dataset of Primary and Secondary Schools' Live Class on Xiaoheiban from March to April 2020

Hu Jie[1] , Zhou Ye[2]

（1 Fudan University Library　2 Shanghai Xiaoxin Technologies Co.，Ltd）

Abstract：The dataset of primary and secondary schools' live class on Xiaoheiban comes from a home-school communication management tool called Xiaoheiban，which mainly includes the basic information data of schools，grades，classes and teachers，as well as interactive live behavior data. From March to April in 2020，there were about 10 million data records everyday. The dataset has important research value for online teaching，online learning and classroom interaction during the COVID-19 pandemic.

Keywords：Xiaoheiban，online teaching，live class

数据集基本信息

数据集中文名称	2020 年 3—4 月全国中小学晓黑板直播课堂互动数据集
数据作者	上海晓信信息科技有限公司

（续表）

通讯作者	周叶
作者单位	上海晓信信息科技有限公司
版 本 号	Live 1.0
版本时间	2020-05-20
国　　家	中国
语　　种	中文
数据覆盖时间范围	20200301—20200430
地理区域	中国
数据格式	.csv
数据体量	日均数据记录约 1 000 万条；共 48.2 GB
关 键 词	晓黑板；在线教学；直播课堂
主题分类	教育
全球唯一标识符	hdl:20.500.12291/10217
网　　址	http://hdl.handle.net/20.500.12291/10217
数据集组成	共 17 个文件，包括： 1 个数据字段说明文档； 5 个 csv 文件（学校、年级、班级、老师、直播）； 6 个直播行为压缩文件（解压后获得 61 个 csv 文件）； 1 个禁言日志压缩文件（解压后获得 1 个 csv 文件）； 2 个举手日志压缩文件（解压后获得 2 个 csv 文件）； 2 个发言日志压缩文件（解压后获得 60 个 csv 文件）
使用条款	本数据集仅供参赛者在慧源科学数据平台注册登录申请获取，在第二届"慧源共享"全国高校开放数据创新研究大赛期间使用，使用时须标注引用信息，禁止二次分发和商业演绎

0　背景

　　晓黑板由上海晓信信息科技有限公司出品，该公司成立于 2015 年，深耕中国 K12 基础教育领域的互联网应用和信息化服务。晓信科技创始团队拥有超过 10 年的教育及互联网行业积累，致力打造"平台应用＋服务拓展＋内容增值"的教育信息化生态圈。晓黑板是基于青少年的成长规律，根据老师与家长的需求定制的一款专业、科学、现代化的家校沟通与家校管理工具。截至 2017 年 7 月，晓黑板在全国覆盖了 15 000 所学校，其中包括上海的 3 000 所学校。目前全国有 10 余万教师和近百万家庭使用晓黑板。疫情期间，在不能复学的情况下，众多中小学均采取线上教学模式，利用晓黑板在线授课。本数据集为全国中小学晓黑板直播课堂互动数据集,日均约有1 000万条数据记录,对疫情期间老师在线授课、学生线上学习、课堂互动行为等有重要的研究价值。

1 数据采集和处理方法

本数据集采集了2020年3—4月间晓黑板的在线直播数据,主要包括学校、年级、班级、老师等基础信息数据和直播、禁言日志、举手日志、直播行为日志、发言日志等直播互动数据。涉及个人隐私的数据字段如学校名称、具体的年级和班级信息、教师姓名等均已做了数据脱敏处理。学校数据只保留了"学校ID",删除了具体的"学校名称";老师数据对"教师名字"进行随机化脱敏,同时保留了"教师ID"。

2 数据字典

表1至表9详细列出了本数据集的数据字段说明,包括字段名、字段名解释、样例值和备注,以便数据使用者更好地进行数据分析。

表1 学校(campus)数据字段说明

序 号	字 段 名	字段名解释	样 例 值
1	campus_id	学校ID	10125
2	province	省	湖北省
3	city	市	武汉市
4	area	区	武昌区

表2 年级(grade)数据字段说明

序 号	字 段 名	字段名解释	样 例 值
1	grade_id	年级ID	815
2	grade_name	年级名	一年级

表3 班级(classes)数据字段说明

序 号	字 段 名	字段名解释	样 例 值
1	class_id	班级ID	103
2	class_name	班级名字	一班
3	grade_id	年级ID	815
4	xhb_class_token	班级认证ID	cc92cebc6672ae01ebba4f01274dbaa3
5	campus_id	学校ID	10008

表4　老师(teacher)数据字段说明

序号	字段名	字段名解释	样例值	备注
1	teacher_id	教师ID	10328	
2	xhb_user_token	教师认证ID	8f2d87e0eb95c16fad3079698a50444e	
3	teacher_name	教师名字	宋琛	已脱敏

表5　直播(live)数据字段说明

序号	字段名	字段名解释	样例值
1	live_house_name	直播ID	4ce74b7881703e812476ec4ea4e9a5ce
2	sender_id	教师认证ID	499ce810cc2d469b53f0c58e7abff43f
3	start_time	直播开始时间	2020/3/25 14:55
4	end_time	直播结束时间	2020/3/25 15:40
5	subject	学科	数学
6	xhb_class_token	班级认证ID	e695e7b2e498e041e2caafef66b6a636
7	title	直播标题	单元二《语文园地》
8	content	内容备注	请大家准备好课堂练习本、数学书、练习册

表6　直播行为日志(callback-log)数据字段说明

序号	字段名	字段名解释	样例值	备注
1	live_house_name	直播ID	106f3056fbf86ea15af19333772dd482	
2	x_user_id	用户认证ID	cd0112a7d8d3f138f164a86f64c75e93	教师/学生
3	event_type	活动标识	103	103——直播场景下,主播加入频道,在线
				104——直播场景下,主播离开频道
				105——直播场景下,观众加入频道,在线
				106——直播场景下,观众离开频道
				107——通信场景下,用户加入频道
				108——通信场景下,用户离开频道
				111——直播场景下,加入频道后,用户将角色切换为主播
				112——直播场景下,加入频道后,用户将角色切换为观众
4	create_time	数据产生时间	2020/3/24 14:22	

表 7　禁言日志(forbidden-log)数据字段说明

序号	字段名	字段名解释	样　例　值	备　　注
1	live_house_name	直播 ID	95b4ae0e449e9901b60c04d780 e7570f	
2	x_user_id	用户认证 ID	c879331e20f7f863ec4d9be3680 d177c	这里只有老师操作
3	content	操作内容	{"all": "forbidden","users": []}禁言所有人	
			{"all": "","users": [{"userId": "e04c93", "forbiddenWord": false}]}　禁言某人	
4	create_time	数据产生时间	2020/3/25 6:49	

表 8　举手日志(handup-log)数据字段说明

序号	字段名	字段名解释	样　例　值	备　　注
1	live_house_name	直播 ID	8d21aa78507a505eea106d33262e47f7	
2	x_user_id	用户认证 ID	393fc6ac49e6993b7c3d59127fe10370	这里只有学生操作
3	create_time	数据产生时间	2020/3/25 23:44	

表 9　发言日志(speak-log)数据字段说明

序号	字段名	字段名解释	样　例　值	备　　注
1	live_house_name	直播 ID	cf901d83bea7ed8a6c65ac63b2e4be05	
2	x_user_id	用户认证 ID	c664ff01cf0a64bb5ca11dba94249d5c	教师/学生
3	create_time	数据产生时间	2020/3/25 22:39	

3　数据质量控制

本数据集为 2020 年 3—4 月晓黑板直播课堂全量数据,涵盖学校、年级、班级、老师等基础信息数据和直播、直播行为日志、禁言日志、举手日志、发言日志等直播互动数据,统一使用 csv 文件格式,确保了数据集的完整性和规范性。各类数据可以通过学校 ID、教师认证 ID、直播 ID 和用户认证 ID 等进行互相关联,确保数据的关联性。值得注意的是,教师信息中"教师认证 ID"为教师的唯一标识符,同一教师可以关联多个"教师 ID"和"教师名字"(一个教师可以对应多所学校,在每所学校具有不同的"教师 ID"和"教师名字")。此外,对数据集进行了脱敏处理,在确保数据可用性的前提下保证了数据隐私和安全。

4　数据价值

受疫情影响,全上海 140 余万中小学生自 2020 年春季学期开启了线上直播教学模式,晓黑板作为上海空中课堂平台之一为上海 1 000 余所学校提供服务。本数据集采集了晓黑板最初 2 个月的直播课堂数据,可以为分析疫情期间全国中小学尤其是上海地区中小学的在线教育情况提供重要依据,对于研究在线教育的现状及发展有重要的意义和价值。

5　数据使用方法和建议

本数据集可以使用 Excel、MySQL、Clickhouse 等软件进行分析。根据直播日志,从直播间、用户、行为 3 个角度出发,分析直播间的频次、平均在线人数、平均时长等直播间的特征;分析用户的在线时长和活跃动态等用户特征;分析直播间内的各类行为发生规律等;根据直播行为日志,可以具体分析禁言、举手、发言的特点和规律;综合所有日志,结合直播间的不同属性(年级、学科等),多维度分析直播课堂情况,如在线教育学生参与热度、师生互动情况等。

数据引用格式

上海晓信信息科技有限公司.2020 年 3—4 月全国中小学晓黑板直播课堂互动数据集 [DB/OL].[2020-05-30].http://hdl.handle.net/20.500.12291/10217 V1[Version].

作者简介

胡杰　女,复旦大学图书馆,馆员。研究方向:科学数据管理。作者贡献:数据审核、文章撰写。

周叶　上海晓信信息科技有限公司,工程师。作者贡献:数据采集、数据清洗、数据脱敏等。

PART ——— **02**

第二部分　获奖论文选登

基于 LightGBM 预测图书需求量的采购策略探析

——以复旦大学图书馆业务数据集为例

师文欣[1]　张　骐[1]　于　畅[1]　詹展晴[1]　周笑宇[1]　王钰琛[1]　薛　崧[1,2]

（1 复旦大学文献信息中心　2 复旦大学图书馆）

摘要：［目的］构建高校图书馆图书需求量的反映指标和预测模型，为图书采购策略提供参考。［方法］基于复旦大学图书馆业务流通数据，选取图书本身特征、图书借阅特征与图书预约特征3类指标，采用 LightGBM 模型对图书需求量进行预测，并得出影响全体及各类图书需求量的重要特征。［结果］构建了各类图书需求量的预测模型，且平均绝对误差均低于2.7；得到了影响全体及各类图书需求量的重要特征及其排序；最终构建了基于预测模型的图书采购合理化流程，为复旦大学图书馆采购决策提供数据支持。

关键词：LightGBM　图书需求量　采购策略

Study on the Purchase Strategy Based on Prediction of Book Demand by LightGBM: Taking the Library of Fudan University as an Example

Shi Wenxin[1], Zhang Qi[1], Yu Chang[1], Zhan Zhanqing[1],
Zhou Xiaoyu[1], Wang Yuchen[1], Xue Song[1,2]

（1 Literature and Information Center, Fudan University
2 Fudan University Library）

Abstract：［Purpose］This article aimed to construct the index and prediction model of book demand in university library, and provide reference for book purchasing strategy. ［Methods］Based on the business circulation data of Fudan University Library, three kinds of indicators, including book characteristics, book lending characteristics and book reservation characteristics, were selected to predict the book demand by LightGBM model. The important characteristics affecting the demand of all kinds of books were obtained. ［Results］The prediction model of book demand was constructed, and the average absolute error was less than 2.7; the important characteristics and their rankings of all kinds of book demand were obtained；finally，the book purchase rationalization process based on the prediction model was constructed，which provided data support for the purchase decision of Fudan University Library.

Keywords：LightGBM，book demand，purchase strategy

0　引言

文献资源建设是图书馆建设的核心内容之一，是高校图书馆开展教学和科研服务的基础。2020年，新型冠状肺炎病毒疫情暴发，对人们生活方面面造成了严重的冲击，中国乃至世界经济环境充满不确定性[1]。财政部、教育部根据2020年中央经济工作会议"过紧日子"的会议精神，对部属高校中央财政预算进行了大幅度压减，高校图书馆可能会面临文献资源购置专项等方面的经费缩减[2]。在此环境下，高校图书馆须制定更完善的文献资源建设体系，力求精准化建设、精细化发展。基于高校图书馆的服务任务，以及图书馆逐步转向"以读者为中心"的服务模式，读者需求已成为高校图书馆资源采购决策的重要影响因素。获益于"互联网＋"环境下的信息技术变革，"读者决策采购"（patron driven acquisition，PDA）的资源采购方式成为图书馆界的热点研究和实践领域[3]，该方式通过指标量化文献利用状况，设定参数实现自动购买[4]。

通过访谈多位馆员得知，复旦大学图书馆现实行以学科馆员为主导、读者间接参与的资源采购策略，符合"类PDA"采购模式的特点，即图书馆在文献资源建设过程中考虑价值性馆藏资源建设，同时将读者的文献需求纳入资源建设体系之中，采用各种方式获取读者信息需求，注重馆藏文献的利用率，并以此来调整文献资源建设策略[5]。复旦大学图书馆对读者文献需求的考量主要通过提供"读者荐购"服务实现，鼓励读者根据自身教学、科研、休闲等需求，提交馆藏缺乏的书目信息，该项服务属于个性化服务，易受读者自身主观因素影响，难以从宏观角度为馆藏建设提供参考。此外，复旦大学图书馆也周期性地统计分析业务流通数据，主要关注具有高借阅量、高预约量等特征的已有馆藏信息，辅助采购决策；但对流通数据的简单统计无法有效评估并及时响应读者需求，造成馆藏建设常落后于读者需求的更新。如何有效评估并预测读者图书需求，仍是亟待解决的问题之一。

因此，综合国内国际形势、复旦大学图书馆自身情况，本文从读者图书需求的角度出发，基于复旦大学图书馆流通数据，定义图书需求量的量化指标，探索图书需求量的影响因素并构建预测模型，为图书馆资源采购决策提供参考。

1　研究现状

目前，国内已有学者对图书需求预测展开了研究，选取或构建了多种图书需求量的反映指标，并探讨了图书需求量在图书馆采购决策中的参考价值。漆月以读者外借、预约及联机公共目录检索（online public access catalog，OPAC）搜索3个预测器的数据为基础，对数据进行量化分析，并通过预测模型的设计提出了基于需求预测结果的采购决策模型，为图书采购的比例分配提供数据参考[6]。李海祁综合分析图书的在版编目数据、馆藏情况和网络信息,得出某种书预测需求量=该书同主题图书平均需求量×该书相对品质,并以嘉应学院图书馆为例进行实证研究,通过线性回归分析、t 检验和相关度分析证实了该方法的准确性[7];但其定义的需求量计算方法存在一定局限性,同主题图书的划定以出版信息为基础,图书相对品质的计算假定了图书品质的优劣与搜索引擎上的搜索结果数目在统计上的正相关关系,无法机械地挪用至某一图书馆。孙战彪以图书馆自动化系统作为数据来源,选择图书借阅情况和 OPAC 系统检索记录两类数据作为读者需求的反映指标,提出了基于数据挖掘的图书荐购模型[8];但并未采用该模型进行实证研究,仅从理论上论证了数据挖掘在图书馆业务中应用的可行性。

此外,有相当一部分研究将图书借阅数据(图书外借次数、外借时间等)视为读者图书需求直接、客观的反映,采取多种方法手段进行图书借阅量预测。张存禄等人在利用数据挖掘技术辅助图书馆采购决策时,将外借次数、借出时间作为读者需求的反映指标,并分析图书类型、读者类型等特征对读者需求的影响[9];但该研究仅探究了单因素对读者需求的影响,并未将其理论框架用于实证研究并提出具体建议。周建良采用灰预测模型的基本理论和预测方法,结合现有图书库存量和灰预测实现图书预期借阅率的预测[10]。张骏毅等通过对其所在图书馆近 3 年流通统计数据的收集和整理,用 BP 神经网络建立合理的预测模型,最终构建出一种读者需求机制[11]。王健提出了一种图书资源利用数据时间序列模型的构建方法,强调季节特性对流通量的影响,并以此为基础进行采购质量控制[12]。孙卫忠等人通过改进 K-Means 算法,根据借阅量划分高、中、低频被借阅图书,以聚类结果代表读者需求层次,并可作为采购及馆藏资源建议的参考[13]。

本研究基于现有的研究成果,采用众多研究方法的优点,并针对现有方法的不足之处,对图书需求量预测及采购策略进行了优化:(1)在预测指标上,本文综合用户借阅量和预约量及其相关关系,聚焦于图书需求量的量化计算方法,定义图书需求量 $D = \sqrt{L^2 + R^2 + 2LR(1-\beta)}$。(2)在模型上,选择了 LightGBM 建立图书需求量预测模型,克服已有研究中的模型缺陷,不局限于单因素分析,更便于引入图书特征,符合图书馆业务开展的需求。(3)在预测图书需求量的基础上,进一步分析影响图书需求量的因素,以 PDCA 循环管理原则为指导,引入安全库存这一指标,为图书采购策略和标准化流程的建立提供支持。

2　数据来源与研究方法

2.1　数据来源

本文使用的数据来自复旦大学图书馆业务数据集[14]中的复旦大学图书外借数据、图书预约数据和外借图书单册数据集,包含图书外借数据中的图书名、ISBN、借阅量、持有天数和超期归还天数字段,图书预约数据的图书名、ISBN、预约量、预约未满足量、外借预约量和排队数字段,复旦大学外借图书单册数据集的图书名、ISBN、馆藏地、出版年份、作者、出版社、是否为丛书、语种和学科字段,以及为研究图书特征而依法收集的豆瓣图书信息数据集,累计采集豆瓣数据 70 118 条,包含的字段有 ISBN、页数、定价、评分、装帧、丛书、标签、译者、原作和评价人数;这两个数据集通过 ISBN 号进行内连接。经整理后,共有书目信息 111 234 条,时间跨度为从 2013 年到 2018 年。

2.2　研究方法

本文首先将采集的豆瓣图书信息通过 ISBN 号与复旦大学图书馆数据集连接,形成原始数据;其次,提取图书本身特征、借阅特征、预约特征和其他特征作为模型自变量,综合用户借阅量和预约量及其相关关系,定义图书需求量指标作为因变量;然后利用 Python 建立图书需求量 LightGBM 模型,将数据随机划分 80% 作为训练集、20% 作为测试集进行训练,从测试模型中选择表现最优的模型;最后基于五折交叉验证进行模型的评估,并得到影响图书需求的特征重要性结果。本文研究思路见图 1。

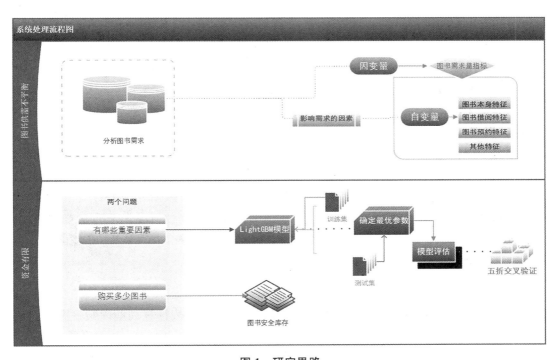

图 1　研究思路

2.2.1　模型选择

在文献调研的基础上,本文总结并综合比较了已有模型的缺陷(见表 1),最终确定采用 LightGBM 模型进行预测分析,以期克服所列缺陷。LightGBM 是一种基于决策树的集成模型,该模型作为机器学习中的一种算法,除时序特征外可以引入多维度特征。作为树模型的一种,该模型不需要数据符合线性关系,能够支持并行化学习,可以处理大规模数据。该模型的精确度高,运行效率快,能根据特征的使用次数和对因变量的影响程度来计算特征重要性,从而在建模完成后输出特征的重要程度,加强模型的解释力度,便于对影响因素进行分析和解释。此外,LightGBM 模型对于分类型变量存在最优分割策略,即根据不同类别对因变量的相关性进行排序,在排序结果中寻找最合适的分割点。通过该特性,可以在模型构建过程中引入诸如学者、出版社等其他模型无法有效处理的分类型变量,提高预测特征的丰富程度,加强模型精度,使影响因素分析更加全面。

表 1　图书需求预测模型类型及缺陷

模型类型		文献	缺陷
统计拟合模型	时间序列模型	王静,李丕仕[15] 田梅[16]	建模过程中只能采用时间、周期、季节性等时序特征,无法引入其他图书借阅量的相关因素,因此结果的精度有其局限性
	非时间序列模型	王红,袁小舒,原小玲,等[17] 孙宝,王志丽,刘琳[18]	多元线性回归模型要求数据呈线性分布;灰色系统模型只适用于小样本数据,对于非线性的大样本数据缺乏拟合能力
神经网络模型		孙雷[19] 吴红艳[20] 张囡,张永梅[21]	神经网络模型克服了统计拟合模型的缺陷,引入多因素特征,对数据有较好的泛化能力,并且结果准确率较高,但是缺乏可解释性,学者无法根据其结果对影响因素进行分析

2.2.2　因变量构建及分布

为方便采购策略研究,本文构建了图书需求量指标作为因变量,通过分析图书需求影响因素,识别高需求图书,从而对采购策略制定提出建议。

漆月[6]提出图书需求量被表示为图书外借与预约次数的总和,即用户借阅需求＝预约量＋借阅量。该指标简单易懂,却忽略了用户借阅与预约的相关关系。若一名读者在预约图书之后,前往图书馆完成借阅,此时借阅量与预约量在数据上都会有 1 个增量,图书需求量则增加 2,但实际的图书需求仅增加了 1。为消除这种情况带来的误差,本文引入 Pearson 相关系数的概念,并假设不同读者的预约和借阅不会相互影响,在该前提下重新制定了图书需求量指标,即:

$$D = \sqrt{L^2 + R^2 + 2LR(1-\beta)},$$

其中,D(demand)即为本研究定义的图书需求量,L(lend)代表计算周期内某一图书的借阅量,R(reservation)代表计算周期内某一图书的预约量,β 为 Pearson 相关系数。

假设此时相关系数为 0,即每一位读者在预约后并未完成借阅,则图书需求量等于借阅量与预约量之和。而若预约量与借阅量的相关系数提高,即部分读者在预约后完成了相应的借阅行为,图书需求则会降低。

该指标的缺陷在于并未将误差完全消除,当相关系数为 1 时,即每一位读者在预约后都完成借阅,此时借阅量与预约量相等,实际的图书需求应当为借阅量,但代入该指标则为 $\sqrt{2}\times$借阅量,计算所得出的图书需求在一定程度上偏大。然而,该指标在"预约量＋借阅量"这一指标的基础上消除了一定误差,结果更加准确。该指标与真实需求量呈正相关关系,足以用来做图书需求量影响因素的研究。

此外,为实现为图书采购提供数据辅助的研究目的,图书需求的计算需要保证一定的时效性，因而本文模型中因变量均采用每一学期的数据进行计算。

如图2直方图所示，本研究数据集中图书因变量的分布呈现明显的右偏分布趋势。大多数图书需求保持在中低水平，需求量在5以下，少数图书拥有较高的需求量。图书需求量最小值约为1.74，有42 474本。需求量最高的图书是菲尔丁的《BJ单身日记》，其值为148.914 687。

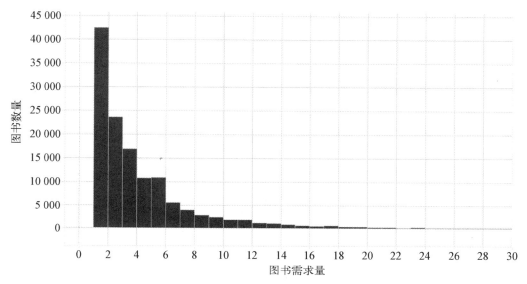

图2　因变量指标分布状况

2.2.3　自变量选择

自变量可分为图书本身特征、图书借阅特征与图书预约特征3类。首先选择一些图书本身特征作为自变量，代表图书自身的信息，如作者、出版社、馆藏地等。对于借阅特征和预约特征，借阅量、平均持有天数、平均超期归还天数、预约量、预约未满足量、外借预约量、平均排队数能分别在一定程度上代表图书的需求量。同时引入同比学期和环比学期（同比学期指上上学期相关数据，环比学期指上学期相关数据），为了考虑数据的时效性，一般情况下使用时间较近的数据，即环比学期数据。但高校的课程设置和一些特定事件安排具有周期性特征，如同类课程固定在第一学期或者第二学期为不同届的学生开设，一些资格考试也设定在每年固定的时间段，故本文也考虑了同比学期特征。最终自变量包含图书本身特征10项，图书借阅特征6项，图书预约特征8项以及其他特征1项，总计25项特征，具体见表2。

表2　自变量及其说明

类　　别	序号	自变量	说　　明
图书本身特征	1	SubLibrary	馆藏地
	2	PublishYear	出版年份
	3	Author	作者
	4	Press	出版社

（续表）

类　别	序号	自变量	说　明
图书本身特征	5	Page	页数
	6	Price	定价
	7	Bind	装帧
	8	IfSeries	是否为丛书
	9	Language	语种
	10	Subject	学科（按中图分类法分类）
图书借阅特征	1	LastLendCount	环比借阅量
	2	LastHoldDays	环比平均持有天数
	3	LastOverdueDays	环比平均超期归还天数
	4	Last2LendCount	同比借阅量
	5	Last2HoldDays	同比平均持有天数
	6	Last2OverdueDays	同比平均超期归还天数
图书预约特征	1	LastCount	环比预约量
	2	LastFulfil	环比预约未满足量
	3	LastEvent	环比外借预约量
	4	LastMaxQnum	环比平均排队数
	5	Last2Count	同比预约量
	6	Last2Fulfil	同比预约未满足量
	7	Last2Event	同比外借预约量
	8	Last2MaxQNum	同比平均排队数
其他特征	1	Semester	学期（上学期或下学期）

3　模型构建

3.1　模型参数

　　将上述 25 项自变量输入 LightGBM 模型进行训练，训练模型所采用的 LightGBM 参数如表 3 所示。

表 3　LightGBM 模型参数

序　号	参　数　名	参　数　值
1	num_leaves	300
2	min_data_in_leaf	30

（续表）

序　号	参　数　名	参　数　值
3	max_depth	100
4	learning_rate	0.03
5	min_sum_hessian_in_leaf	6
6	feature_fraction	1
7	bagging_freq	1
8	bagging_fraction	0.8
9	bagging_seed	11
10	lambda_l1	0.1
11	Boosting	gbdt
12	objective	mae
13	metric	mae
14	random_state	2 020
15	num_iterations	1 000
16	early_stopping_rounds	30

3.2　模型结果

图书由于承载内容不同,导致类型的图书各有特性。故本文不仅对所有图书建模,并将图书分为人文社会科学类、自然科学类以及综合类图书,复旦大学图书馆使用中图分类号作为图书的索书号,因而将具体的馆藏图书数据按照图书所属大类划分,N、O、P、Q、R、S、T、U、V、X属于自然科学类,Z属于综合性图书,其他为人文社会科学类。将数据随机划分80%作为训练集、20%作为测试集进行训练,并进行五折交叉验证。从表4可以看出,分类前与分类后各类别的图书模型的平均绝对误差都低于2.7,模型效果较好,可以通过该模型结果对预约量影响因素进行分析。

表 4　模型五折交叉检验结果

	全　体	人文社会科学	自然科学	综合性图书
Fold0 mae	4.137 25	3.846 74	5.128 03	2.091 92
Fold1 mae	2.278 72	2.071 36	2.927 96	2.237 09
Fold2 mae	1.586 10	1.442 39	2.057 10	1.864 53
Fold3 mae	1.672 87	1.698 85	1.633 12	1.067 75
Fold4 mae	1.221 43	1.197 81	1.420 57	1.212 27
平均绝对误差	2.179 28	2.051 43	2.633 36	1.694 71

3.3　特征重要性分析

LightGBM 能够根据建模过程中使用特征次数及特征对模型的提升程度来对特征重要性进行排序,重要性从高到低排列。

3.3.1　全体图书特征重要性分析

在图 3 总计 25 项特征中,前 5 项特征分别为作者、出版社、同比借阅量、出版年份、学期,以图书本身特征为主;而后 5 项特征分别为环比预约未满足量、环比平均排队数、环比外借预约量、环比预约量、是否为丛书,以图书预约特征为主;图书借阅特征则集中在第 7 至 18 项特征之间。

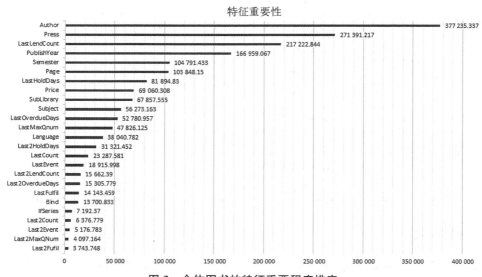

图 3　全体图书的特征重要程度排序

总的来说,根据全体图书特征重要性排序,我们可以发现以下几个现象。

第一,图书自身特征对图书需求大小影响最大,尤其出版年份、出版社以及作者这 3 个特征对图书需求存在很大的影响,不同作者、出版社、出版年份的图书需求存在差距,而装帧、是否为丛书因素则影响作用较弱。对于作者来说,畅销书作者的专业水平和写作水平受到读者认可,我们可以认为,作者的专业和写作水平决定了图书内容质量高低,而作者的语言风格也可能深受读者欢迎,久而久之该作者便在读者群体中形成了较高的影响力,读者更倾向于为这些高影响力的作者"买单"。对于出版社来说,优秀的出版社在图书的选题、组稿和审稿环节能够进行严格的质量控制,保证出版优质的图书并形成了良性循环和良好的业界口碑。因此高影响力作者和出版社所出版的书籍往往具有更加优质的内容,能够满足读者的需要,吸引更多读者的借阅。对于出版年来说,图书的出版年意味着图书内容的时效性与前沿性,也与读者需求息息相关。装帧、是否为丛书的特征重要程度排名比较靠后,可能是由于读者在借阅图书时,具有较强的目标性,对于是否为丛书以及书籍的装帧并不看重。但需要注意的是,这些因素的影响在不同学科和领域之间也存在一定差异。

第二,图书借阅特征比预约特征更能反映图书需求。整体来看,图书借阅特征的重要程度普遍高于预约特征。一般情况下,如果读者对图书有需求,则发生图书借阅事件,然而当在架图书及其复本均被外借且未归还时,届时该读者的需求无法得到满足,则可能发生图书预约事件,若预约得到满足,读者完成图书借阅,那么数据也会发生相应变化。换句话说,在读者不放弃借阅需求的情况下,借阅一定发生,预约却不一定发生。虽然图书借阅特征比预约特征都可以反映图书需求,但是从数据上看,图书借阅特征更能反映图书需求。

第三,环比学期数据比同比学期数据更具备相关性。在借阅特征方面,环比借阅量、环比平均持有天数、环比平均超期归还天数的重要程度均大于同比对应值;在预约特征方面,环比平均排队数、环比预约量、环比外借预约量、环比预约未满足量的重要程度同样大于同比对应值。将相关特征可视化,与同比学期相比,环比学期的数据与当前学期数据时间相距更近,时效性更强,对于高校图书馆图书需求而言,这正是环比学期数据比同比学期数据更具备参考价值的原因之一。

3.3.2 分类图书特征重要性分析

各类图书数量所占比例如图 4 所示。在 2013—2018 年的借阅数据集中,人文社会科学类图书占比最多,为 75.21%;其次是自然科学类图书,为 24.53%;综合性图书所占比例为 0.26%。

由于各类别包含的学科范围不同,各学科图书拥有不同的特性,读者对各类别图书的需求自然不同,因此各类型图书的特征重要性也会有所区别。本文分类建模所得出的各类型图书特征重要性排序结果见图 5,表 5 则列举了排名前 10位的特征重要性。综合性图书由于数据少,导致部分特征重要性数值很小,在图 5 的排序中并没有显示,我们认为这些特征对综合性图书需求的影响微乎其微。此外,我们还可以从图 5 及表 5 的排序中挖掘更多有用信息。

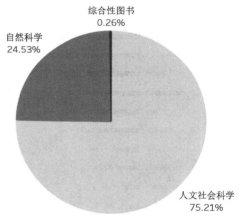

综合性图书 0.26%
自然科学 24.53%
人文社会科学 75.21%

图 4 各类图书数量占比

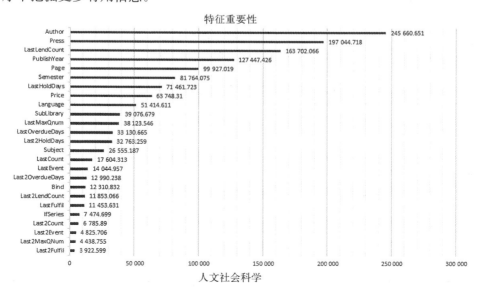

特征重要性

特征	数值
Author	245 660.651
Press	197 044.718
LastLendCount	163 702.066
PublishYear	127 447.426
Page	99 927.019
Semester	81 764.075
LastHoldDays	71 461.723
Price	63 748.31
Language	51 414.611
SubLibrary	39 076.679
LastMaxQnum	38 123.546
LastOverdueDays	33 130.665
Last2HoldDays	32 763.259
Subject	26 555.187
LastCount	17 604.313
LastEvent	14 044.957
Last2OverdueDays	12 990.238
Bind	12 310.832
Last2LendCount	11 853.066
LastFulfil	11 453.631
IfSeries	7 474.699
Last2Count	6 785.89
Last2Event	4 825.706
Last2MaxQNum	4 438.755
Last2Fulfil	3 922.599

人文社会科学

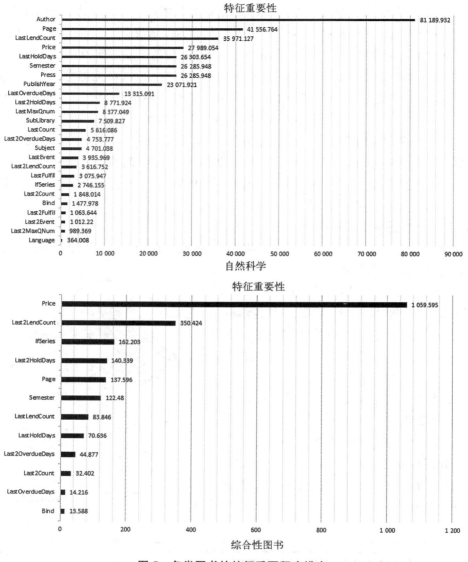

图5　各类图书的特征重要程度排序

表5　各类图书特征重要性排序 TOP10

排　序	人文社会科学	自　然　科　学	综合性图书
1	作者	作者	定价
2	出版社	页数	同比借阅量
3	环比借阅量	环比借阅量	是否为丛书
4	出版年份	定价	同比平均持有天数
5	页数	环比平均持有天数	页数
6	学期	出版社	学期

（续表）

排　序	人文社会科学	自　然　科　学	综合性图书
7	环比平均持有天数	学期	环比借阅量
8	定价	出版年份	环比平均持有天数
9	语种	环比平均超期归还天数	同比平均超期归还天数
10	馆藏地	同比平均持有天数	同比预约量

（1）与全体图书所得到的重要性排序情况相比，细化的分类图书特征重要性排序更符合实际。借阅特征比预约特征更重要，环比学期特征比同比学期特征与需求更相关。而综合性图书与众不同，其环比学期特征的重要性较低，因此在考虑综合性图书的需求时，应慎重参考往期借阅或预约数据。

（2）环比借阅量在自然科学类与人文社会科学类图书的重要性排名较高。人文社会科学和自然科学包含大部分学科，包含高校科学研究的主要范畴，该类图书占据了图书馆馆藏的大部分，在 99% 以上，正是师生图书需求的主要来源。读者的高需求驱动了大规模借阅行为，其环比借阅量占到全部图书环比借阅量的 90.58%，使自然科学类与人文社会科学类图书的环比借阅量特征对于图书需求表现出较高的代表性。

（3）除了作者、出版社和出版年份 3 个重要的图书本身特征外，图书的定价和页数也值得注意。除人文社会科学类图书的定价以外，定价和页数特征重要性均排在前 5 位，这说明图书的定价和页数对需求存在一定程度的影响。将这一相关性采用 Pearson 系数量化结果如图 6 所示。尤其是综合类图书，其页数与定价特征指标重要性较高，且与图书需求相关性也比较高。

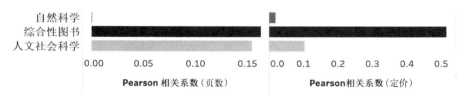

图 6　定价和页数与图书需求相关性

3.3.3　重要特征分析

（1）人文社会科学

作者、出版社、环比借阅量是影响人文社会科学领域图书需求量最重要的 3 个特征。如图 7（上）所示，图中颜色越深代表图书需求量越高，从作者来看，在马列主义、毛泽东思想以及哲学学科的图书中，由思想家本人撰写或专业研究机构所著的图书比较受欢迎，比如 Saint Thomas Aquinas、Karl Marx、北京大学哲学系外国哲学史教研室、中共中央马克思恩格斯列宁斯大林著作编译局等。文学类则外国作者图书需求更大，如菲尔丁、毛亨等，姜鹏翔、钱谦益等则是较受欢迎的中国作者。对于历史、地理类图书，读者倾向于阅读历史人物的著作从而进行研究，例如，公羊寿的《春秋公羊传注疏》、左丘明的《春秋左传正义》、谢启昆的《广西通志》。如图 7（下）所示，从出版社来看，北岳文艺出版社、Cambridge

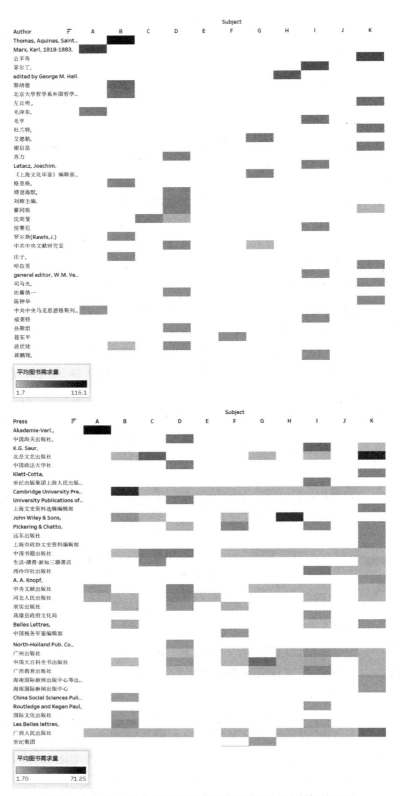

图 7　人文社会科学各类别图书重要作者(上)及出版社(下)

University Press、John Wiley & Sons、中国书籍出版社、中央文献出版社、河北人民出版社在多个学科表现较好。各学科表现最佳的3个出版社见表6。

表6 人文社会科学各类别图书重要出版社

类别	重要出版社1	重要出版社2	重要出版社3
A	Akademie-Verl.	中央文献出版社	河北人民出版社
B	北岳文艺出版社	Cambridge University Press	John Wiley & Sons
C	北岳文艺出版社	Cambridge University Press	John Wiley & Sons
D	中国海关出版社	中国政法大学出版社	Cambridge University Press
E	Cambridge University Press	河北人民出版社	中国邮电出版社
F	Cambridge University Press	John Wiley & Sons	Pickering & Chatto
G	北岳文艺出版社	Cambridge University Press	中国书籍出版社
H	Cambridge University Press	John Wiley & Sons	中国书籍出版社
I	K.G. Saur	北岳文艺出版社	世纪出版集团上海人民出版社
J	Cambridge University Press	中国书籍出版社	西泠印社出版社
K	K.G. Saur	北岳文艺出版社	Klett-Cotta

如图8所示，人文社会科学图书的环比借阅量并非在最高或最低时，该书的需求量最大，而是在80～120时，代表具有较高的图书需求。

（2）自然科学

作者、页数、环比借阅量是影响自然科学领域图书需求量最重要的3个特征。如图9所示，从作者来看，在数理科学和化学学科的图书中，学生对强元棨、菲赫金哥尔茨、费恩曼和邢其毅所著图书的需求量较高。通过查阅相关资料，强元棨所著的《经典力学》、菲赫金哥尔茨的《微积分教程》、费恩曼的《物理学讲义》和邢其毅的《基础有机化学》是自然科学学生常用的教材，因此这几位作者书籍的借阅需求较高；在医学和卫

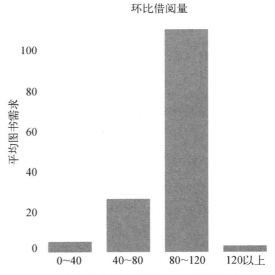

图8 人文社会科学图书的环比借阅量与图书需求量的关系

生学科的图书中，皮纹学的李瑞祥教授、病理学的郭慕依教授、解剖学的成令忠教授和胡耀民教授所著的图书受到了学生的欢迎。

如图10所示，当书籍页数在1k～2k和13k～14k之间时，图书的需求量较高。大多数自然科学图书页数都落在1k～2k之间，借阅或预约的需求较高；而11k～14k之间的书

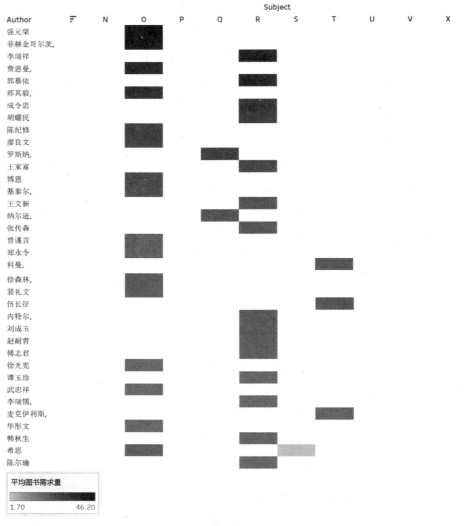

图 9　自然科学各类别图书重要作者

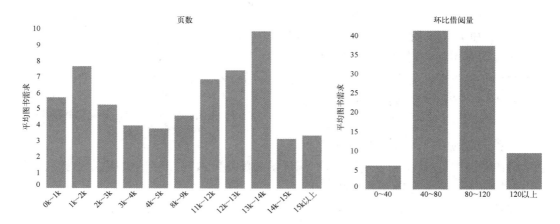

图 10　自然科学图书的页数(左)及环比借阅量(右)与图书需求量的关系

大多出自学者段逸山,他主编的《中国近代中医药期刊汇编》是反映近代中医药状况的重要载体,对中医药学术的交流、研究发挥了重要的作用。自然科学类图书的环比借阅量最高为 148,最低为 1,大多数处于区间 40~120。因此,当书籍页数在 1k~2k 和 13k~14k 区间时,读者对图书的需求较高。

（3）综合性图书

定价、同比借阅量、是否为丛书是影响综合性图书需求量最重要的 3 个特征,如图 11 所示。

① 经调查,图书馆中大多数书的价格低于 300 元;但是从图书需求指标看,读者对 300~1 200 元的需求量较高,这个价格区间的图书多为精装书,包装更为精美。

② 读者对综合性图书的需求随同比借阅量逐渐上升,同比借阅量在 12 以上的图书需求最高。

③ 读者对丛书需求比非丛书略高。丛书是按一定的目的,将各种著作汇编于一体的一种集群式图书,内容详细完备,有利于读者系统地了解某一领域的内容。

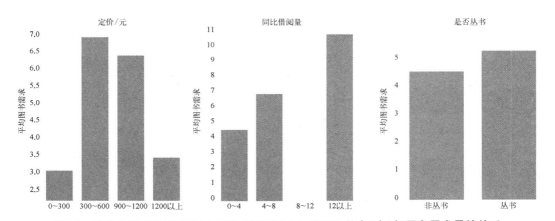

图 11　综合性图书的定价(左)、同比借阅量(中)、是否为丛书(右)与图书需求量的关系

4　图书安全库存量

安全库存是为防止未来物资供应或需求的不确定性因素而准备的缓冲库存。在库存管理中认为,安全库存量的大小,主要由顾客服务水平决定。所谓顾客服务水平,是指对顾客需求情况的满足程度,其计算公式为:顾客服务水平 $=1-\dfrac{\text{年缺货次数}}{\text{年订货次数}}$。

本文借鉴库存管理中"安全库存"这一概念,结合模型预测得出各类图书的图书需求,构建图书馆安全库存的量化公式,旨在为图书复本采购提供数据支撑。我们将图书馆的图书供需水平定义为图书供需水平 $=1-\dfrac{\text{外借预约未满足}+\text{借阅未满足}}{\text{预约量}+\text{借阅量}}$,即统计学中的 $1-\alpha$。该值为图书馆预期达到的服务水平,馆员可结合实际情况设定,如图书供需水平设定为 0.95,则代表计算出的安全库存有 95% 的概率能满足用户需求。

　　图书供需水平高,则图书安全库存量增加,但意味着书籍利用率低,图书馆图书库存管理成本提高;图书馆供需水平低,则图书馆安全库存减少,读者需求无法满足,但图书馆图书利用率高,库存管理压力小。

　　图书安全库存的量化计算可根据图书需求量固定、需求量变化、提前期固定、提前期发生变化等情况,利用正态分布图、标准差、期望服务水平等来求得。假设某些图书的需求服从正态分布(如图 12 所示),通过设定的显著性水平,估算需求的最大值,从而确定合理的库存。统计学上的显著性水平一般取 $\alpha=0.05$,由显著性水平=1−供需水平,可知供需水平为 0.95,缺货率为 0.05。

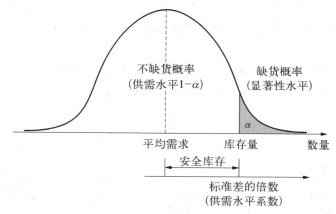

图 12　图书安全库存统计学计算原理图

　　在图书馆的安全库存计算中,需要假设图书馆同一本图书一学期内的需求量符合正态分布:

$$D = \sqrt{L^2 + R^2 + 2LR(1 - \beta)},$$

据此,推算出"图书安全库存量(book security inventory)"公式为:

$$BSI = \mu(D) + Z(图书供需水平) \times \sigma(D),$$

其中,$\mu(D)$ 为图书需求量的均值,$\sigma(D)$ 为图书需求量的标准差。

　　本文构建 BSI 这个指标,可用作采购决策(尤其是复本采购)的参考指标之一。比如,一本书一学期内的需求量均值为 2,标准差为 1,服务水平设定为 0.95,则 $Z_\alpha=1.645$,图书安全库存量为 2+1.645×1=3.645(本)。此处缺陷在于未考虑 6 个月的借阅时间跨度与同学借阅频率,安全库存值必定存在偏大趋势,因此在实际使用过程中,图书馆员可综合整体图书 BSI 分布情况,划定阈值以确定需要增购复本的书目待定列表,辅助最终复本增购决策。

5　图书馆采购策略建议

　　在图书馆实际工作中,可通过本模型对图书需求量进行预测,宏观掌握读者需求特点,可为资源建设提供数据参考。本文以复旦大学图书馆为例,结合馆员访谈信息,提出对图书馆采购流程(见图 13)及策略的建议,并讨论上述实证分析结果在其中的参考作用。

PDCA 循环管理作为科学的质量管理原则,适用于图书采购这一需要质量管理的重复、持续工作,规范图书采购流程,提高图书采购效率及质量。P(plan)计划—D(do)实施—C(check)检查—A(act)处理是构成 PDCA 循环管理闭环的 4 个步骤[22],具体到如下图书采购工作中。

(1) P(plan)——图书采购计划

图书采购需要结合本馆情况,制定细致、可行的量化操作方案。首先,以馆藏发展策略为指导,以图书馆馆藏层次和结构的现状为基础;其次,结合学校整体规模、学科建设方向,针对性地收集各学院专家学者建议,普遍性地了解一般读者的教学科研需求,最终确定图书采购的目标、进度,划定图书选择的范围和数量。在此过程中,可结合本研究借阅量统计的各类图书数量占比确定,适当调整各类图书的计划购入数量或经费分配比例,如人文社会科学类图书采购占比以 65% 为参考;图书的选择范围在参考专家意见和读者荐购的基础上,依据影响各类图书需求的重要特征进行初步筛选及划定,如对于大部分图书,"作者"都是优先考虑的因素。

(2) D(do)——图书采购实施

图书采购的实施过程即将大量外部书目信息转化为高校图书馆藏,是采购过程的关键环节。对外部信息的收集以及图书的选择和采购在实施环节是十分重要的。故在此过程中,借助基于 LightGBM 的图书需求预测模型即可对图书的采购和选择加以支持,采购人员可通过输入书目信息列表,直接得到预期图书需求量,作为最终选择决策的重要参考指标之一。

(3) C(check)——图书采购检查

此阶段须检查计划的执行效果,包括当前进度、采购计划在提升馆藏质量上的合理性和有效性。可通过统计学的方法,检查书目信息的学科分布等方面是否符合计划目标,例如各类图书占比与本研究中各类图书借阅量统计基本一致;采购人员按照已有的计划要求,引入图书安全库存指标,通过对已有复本量进行考虑,同时回顾并检验采购计划的可行性,力求实现采购环节的严谨与完备。

(4) A(act)——图书采购处理

此阶段是对图书采购的处理,主要是指总结前阶段的成果与不足,将行之有效的方法措施不断归纳、总结,更新为标准、规范的图书采购流程,为下一周期的图书采购做好准备。在此过程中,可收集购入图书的实际流通数据,借助本模型中构建的"图书需求量"指标,计算购入图书的真实需求量,一方面可从读者角度反映本次图书采购工作的效果,另一方面可用于预测模型效果评估和准确性提升,最终不断优化更新图书需求量的预测模型,调整预测结果在采购决策中的参考场景和参考程度。

图书馆通过 PDCA 循环管理原则指导图书采购流程的制定,并参考本研究所得数据支持采购实践全过程,能够基于实际采购经验形成图书采购细则,构建采购标准化流程,以不断优化馆藏建设,并更好地满足读者需求。

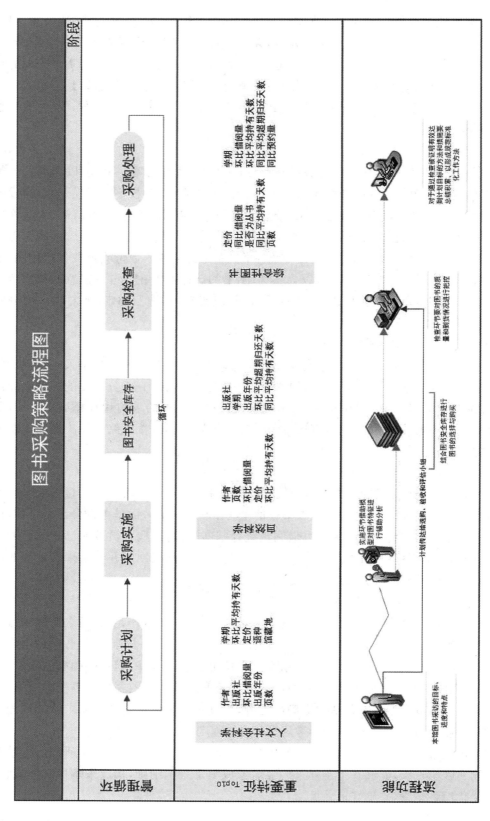

图 13 基于本研究数据的图书馆采购策略建议

参考文献

［1］许宪春,常子豪,唐雅.从统计数据看新冠肺炎疫情对中国经济的影响［J］.经济学动态,2020(5)：41-51.

［2］蔡迎春.高校图书馆"十四五"规划发展环境扫描［J］.高校图书馆工作,2020,40(5)：16-19.

［3］张甲,胡小菁.读者决策的图书馆藏书采购——藏书建设2.0版［J］.中国图书馆学报,2011,37(2)：36-39.

［4］刘华.馆藏建设的风向标——读者决策采购［J］.图书馆杂志,2012,31(1)：38-41.

［5］刘春梅,李志军.论我国高校图书馆文献资源PDA模式的构建［J］.高校图书馆工作,2016,36(5)：49-54＋62.

［6］漆月.基于OPAC搜索的高校图书馆图书资源需求预测［J］.新世纪图书馆,2020(7)：53-57＋70.

［7］李海祁.图书采访的读者需求量预测方法与实证研究［J］.图书馆杂志,2012,31(8)：25-29＋39.

［8］孙战彪.数据挖掘在高校图书馆图书荐购中的应用研究［J］.晋图学刊,2016(4)：8-10＋15.

［9］张存禄,黄培清,王子萍.数据挖掘在图书采购中的应用［J］.情报科学,2004(5)：581-583.

［10］周建良.基于GM的图书需求预测模型研究［J］.鸡西大学学报,2007(3)：92-94.

［11］张骏毅,鲁萍.在PDA背景下构建读者阅读需求预测机制［J］.四川图书馆学报,2018(5)：30-34.

［12］王健.基于图书资源利用数据时间序列模型的图书采购质量控制研究［J］.图书馆研究与工作,2018(2)：41-46.

［13］孙卫忠,张楠,李亚函,等.基于改进K-Means算法的图书馆读者阅读需求实证研究［J］.新世纪图书馆,2020(5)：59-64＋89.

［14］12所高校图书馆.2020"慧源共享·数据悦读"第二届高校开放数据创新研究大赛样本数据集,http://hdl.handle.net/20.500.12291/10215 UNF：5：R8mnvPfTvCrPYHneDhUmCw＝＝ V1[Version].

［15］王静,李丕仕.基于Lyapunov指数的高校图书馆图书借阅流量混沌预测［J］.现代情报,2009,29(9)：7-10.

［16］田梅.基于混沌时间序列模型的图书借阅流量预测研究［J］.图书馆理论与实践,2013(7)：1-3＋26.

［17］王红,袁小舒,原小玲,等.高校图书馆读者借阅趋势线性回归建模预测探析［J］.图书情报工作,2020,64(3)：59-70.

［18］孙宝,王志丽,刘琳.基于GM的高校图书馆借阅量预测模型研究［J］.现代情报,2008

（4）：186-188.

［19］孙雷.基于 BP 神经网络的高校图书馆借阅与采购量化分析［J］.情报探索,2012（4）：
　　　24-26.

［20］吴红艳.图书借阅流量行为季节预测模型［J］.图书情报工作,2007（11）：98-101.

［21］张囡,张永梅.基于灰色神经网络的图书馆图书借阅量预测［J］.情报探索,2013（3）：
　　　133-135.

［22］张静,史淑英,檀树萍.PDCA 循环管理模型在中文图书采访质量控制中的应用［J］.
　　　图书馆工作与研究,2015（12）：65-70.

作者介绍和贡献说明

师文欣：复旦大学文献信息中心,硕士研究生。主要贡献：论文结构设计,模型分析,论文部分内容写作与修改。

王钰琛：复旦大学文献信息中心,硕士研究生。主要贡献：研究选题,研究结论探讨,论文部分内容写作与修改。

于畅：复旦大学文献信息中心,硕士研究生。主要贡献：研究选题,构建模型,论文部分内容写作。E-mail：yuchang61@163.com。

詹展晴：复旦大学文献信息中心,硕士研究生。主要贡献：资料调研与整理,论文部分内容写作。

张骐：复旦大学文献信息中心,硕士研究生。主要贡献：研究思路设计,数据采集与处理,构建模型。

周笑宇：复旦大学文献信息中心,硕士研究生。主要贡献：文献调研与整理,论文部分内容写作,图表绘制。

薛崧：复旦大学图书馆,副研究馆员、硕士生导师。主要贡献：提供指导、监督、建议。

基于人名消歧的多任务学术推荐系统

周孟莹[1]　陈疏桐[1]　何千羽[1]　侯鑫鑫[1]　李宛达[2]　许智威[3]

（1 复旦大学　2 清华-伯克利深圳学院　3 上海大学）

摘要：科研人员进行搜索、浏览以及下载文献的用户行为数据，最能体现科研动向和学科热点，根据用户的历史记录进行学术推荐能够帮助科研人员，尤其是入门者快速了解一个领域。同时，关注这个领域顶级的学者及其组织，能了解领域的最新发展。本文设计了一种基于人名消歧的多任务学术推荐系统，使用了万方数据库 2019.12—2020.01 的 1 052 942 条用户下载和浏览数据。首先，本文对用户行为进行分析，通过协同过滤，将具有相同特征的用户聚在一起。然后进行作者人名和所属机构名消歧，基于消歧和聚类结果构建 user、article、author 异构信息图，采用 GraphSAGE 作为模型的图神经网络，采用两层嵌入来提高结点的特征表达能力，用 MLP 来预测输出，实现对文献和学者（含机构信息）的关联推荐。为了评估模型的性能，本文与 3 个前人的工作进行对比，NDCG 值和消融实验均取得了良好的表现。本研究无须花费高成本维护学者个人信息库，仅需用户的历史使用记录即可进行准确推荐，能够帮助入门者快速建立对新领域的理解，降低学习成本。

关键词：推荐系统　图神经网络　歧义消解　多任务学习

Multi-task Academic Recommendation System Based on Name Disambiguation

Zhou Mengying[1], Chen Shutong[1], He Qianyu[1], Hou Xinxin[1],
Li Wanda[2], Xu Zhiwei[3]

（1 Fudan University　2 Tsinghua-Berkeley Shenzhen Institute
3 Shanghai University）

Abstract: The user behavior data of scientific researchers searching, browsing, and downloading documents can best reflect scientific research trends and subject hotspots. Recommendations of papers based on users' historical records can help scientific researchers，especially beginners，quickly catch a field and emphasize the top scholars and their institution and the latest development at the same time. This paper designs a document and scholar multi-task recommendation system based on graph neural network，with 1,052,942 user download and browsing data from the Wanfang database from 2019.12 to 2020.01. First of all，this paper analyzes user behavior and brings together users with the same characteristics through collaborative filtering. Then we disambiguate the author's name and institutions to build a heterogeneous information graph of the user，article，and authors. Finally，we use GraphSAGE，one of the advanced graph neural networks with two-layer embedding to improve the feature expression ability of nodes. This paper uses a multilayer perceptron to predict the output and realize the recommendation of literature and scholars with corresponding institutional information. In order to evaluate the performance of the model，we compare this proposed system with two previous works. One is the mature commercial solution and another is the state-of-the-art method. The results show that our system achieved the best performance with the NDCG value. Our system does not need to spend a high cost to maintain the personal information database of scholars，and only requires users' historical usage records to make accurate recommendations，which can help beginners quickly establish an understanding of new fields and reduce learning costs.

Keywords：recommendation system，graph neural network，disambiguation，multi-task learning

1　绪论

电子期刊数据知识服务平台是科研人员最常使用的平台，因此科研人员进行搜索、浏览以及下载文献的用户行为数据，最能体现科研动向和学科热点。而根据用户的历史使用记录进行学术推荐是一个提高科研效率、加强用户体验和平台黏性的重要手段。同时，电子数据知识服务平台的管理者也可以通过学术推荐这个渠道进行研究热点追踪和新型学科发现，为科研领域的发展和进步提供相应的洞悉发现。

目前已经有不少平台提供了这样的学术推荐系统，一些商用平台，例如谷歌学术、Mendeley 以及 Zotero 等，基于它们平台庞大的用户行为数据和文献知识库，构建了学术推荐系统，以便给用户推荐其可能感兴趣的文献。一方面可以提高用户的使用体验，另一方面可以进一步增加用户对于此平台的依赖性，提高用户黏性。

然而，目前的这些商用平台上的学术推荐系统仍存在一些不足之处：第一，对于论文作者和研究团队的推荐系统有所缺失。目前已经有不少平台实现了对于学术的推荐系统，即根据用户的历史使用记录，推荐其感兴趣的其他同类型论文，但是很少有平台涉及论文作者、研究团队的推荐。论文作者和研究团队对于用户来说也是一个极为重要的研究动向指标。同一个作者或者同一个实验室发表的论文的主题基本都是相似的，因此很多研究人员，特别是开始从事科研的研究生，快速了解一个领域的最新发展的普遍方法都是关注这个领域顶级的学者及其研究团队。但是推荐这些顶级的学者以及研究团队在大部分学术推荐系统中仍是一个还没有解决的问题。因为在文献使用记录中，作者信息并不都是完整有效的，需要考虑数据缺失、信息错位、人名消歧等问题，进而使得构建一个对于作者和研究团队推荐系统十分困难。第二，文献知识库的维护成本较高。正如前面提到的，因为作者和研究团队的信息的确认十分困难，所以一些商用平台便采用高成本的知识库维护或降低信息的精准性。大部分的商用平台都是基于大量用户的自主维护来提供文献知识库的完整和准确，但是对于一些数据封闭的机构或者用户较少的机构，他们无法使用基于大量用户的自主维护来保持数据库的完整与实时更新，或者承担维护巨大知识库的人力成本。

针对以上两个问题，本文提出了基于人名消歧的多任务学术推荐系统。本系统的贡献可以总结如下：

（1）本文提供了一个从数据处理到学术推荐的完整系统，其系统环境要求低，易集成，具有很强的普适性。

（2）此系统解决了学者推荐中的人名歧义问题，无须花费高成本维护学者个人信息库，减少了机构以及平台的成本。

（3）此系统不仅提供了传统的文献推荐，还提供了学者推荐，帮助初涉科研的学者快速建立对于领域的理解和最新研究的追踪，进而快速提高其科研水平，增加科研产出。实验结果表明，本文的方法可以提供精准的学术推荐。

2 相关工作

本章主要介绍以下三方面的相关工作：作者同名消歧研究、推荐系统在图书馆及图书情报领域的应用以及基于图神经网络的推荐系统研究。

2.1 作者同名消歧研究

在管理文献资源的过程中，如何区分同名作者、同一作者名的不同表现形式，从而将文献对应正确的作者，一直是亟待解决的问题。现已有许多学者研究作者同名消歧（author name disambiguation）这一问题并提出相关的解决方案，大致可以分为四大类：

（1）有监督式学习。其思想为人工标注数据后，通过训练分类器，可以将文献映射到事先确定好的作者身份集合中。Wang 等学者[1]首先基于作者及其从属关系进行过滤，随后衡量论文特征的相似度（主题、摘要、标题），再根据相似度筛选错误率高的作者输入组合提升树分类器进行分类。Tran 等学者[2]首先利用深度神经网络自动提取文献的特征，最后输出两个文献属于同一作者的概率，同时该论文利用 bagging 的方法结合了多个模型。有监督式学习的优势在于准确率高，缺点在于需要的人力成本过高，且分类结果极其依赖标签的准确性。

（2）无监督式学习。首先提取文献的特征，随后对文献进行聚类，从而区分出属于唯一作者的文献。Tang 等学者[3]利用马尔可夫随机场提取出 6 种与文献内容相关的特征，并衡量此篇文献与其他文献之间的关系，由此可以估计聚类的簇数。还有一些文献在聚类方法的基础上增加了约束，从而可以提高聚类准确率。此类方法的优点在于人力成本低，缺点在于时间复杂度通常较高且准确率有限。

（3）半监督式学习。仅标注一小部分数据，中和了有监督和无监督学习的优缺点。例如 Wang 等学者[4]使用了基于约束的主题模型，首先利用 LDA 似然函数以及一些约束条件衡量两篇文献的相似度，最终利用 agglomerative 层次聚类法实现文献的聚类。

（4）图分析。由于文献资源相关数据包含众多交互信息，例如作者合作关系、作者发表文献等，因此，构建图通常是解决同名消歧问题的重要方向。Fan 等学者[5]提出的 GHOST 利用作者合作关系构建图，通过相似性传播算法进行聚类，并结合用户反馈提升模型效果。Shin 等学者[6]提出的 GFAD 同样利用作者合作关系构建图，基于结点分合以及结点合并解决模糊性问题，该模型具有一定鲁棒性并独立于数据集。

2.2 推荐系统在图书馆及图书情报领域的应用

为了更好地服务科研人员，不少的电子数据知识平台都增加了文献推荐系统。如何构建一个准确率高的文献推荐系统便成了一个热门的话题。

张坤等学者[7]的研究表明，自动文本分类、个性化推荐服务以及智能信息检索等方面是当前图书情报领域的研究热点，但是同时也强调自动化处理与人工作之间的相互平衡和相辅相成。

Tang 等学者[8]构建了 ArnetMiner，旨在提取和挖掘学术社交网络。该系统可以自动从 Web 提取研究者资料，并整合出版物现有数字图书馆的数据进入网络；随后建模整个学术网络，并为研究人员提供搜索服务。

Shi 等学者[9]利用文献网络中全面而有丰富语义的信息构建了异构信息网络（heterogeneous information network），并充分利用异构信息网络中的元路径，使用加权路径来描述不同链接之间的语义差异，进而得到不错的推荐效果。

2.3 基于图神经网络的推荐系统研究

社交网络分析本是一种对于人际关系的操作与分析手段，近两年许多学者发现文献引用网络和作者合作关系都是一种隐藏的社交网络，而且拥有一些与传统社交网络不同的属性和特性，因此希望能通过一系列图操作来提高推荐的准确度。同时，最近两年，图神经网络在不同领域问题上的优秀表现使得图操作变得更加高效和有效。目前已经有不少学者基于文献网络和图神经网络来构建文献推荐系统。

Perozzi 等学者[10]在 2014 年最先提出了将图结构降维为图随机游走方法 DeepWalk，进而将每一个结点表征成一个向量。基于此工作，Yang 和 Zhu[11]利用 DeepWalk 得到每个结点的表征向量，并依托此表征向量进行文献推荐。

Shi 等学者[12]则是利用文献网络中丰富的异构数据，在推荐系统中采用异构信息网络表征复杂的实体关系，并提出一种基于此网络的网络嵌入方法来充分生成语义丰富的结点表征。

Liu 等学者[13]则注重推荐系统中的冷启动问题，即如何利用较少的数据得到高准确度的预测。他们提出了一个新颖的语义增强任务构造函数和一个共同适应元学习器来解决冷启动问题。

3 数据集简介

本研究的主要对象是万方数据知识服务平台的期刊文献用户行为日志数据[14]。数据集包括用户的检索、浏览以及下载等行为,而用户强烈的偏好倾向往往由其浏览、检索、下载这一系列行为所体现,因此本文采用用户的浏览行为日志数据集为主要分析对象。

浏览行为日志由两个主要部分组成,即用户检索日志和下载/浏览日志。检索日志主要包括用户唯一标识、用户类型、检索行为发生的时间和检索关键词。这些数据项能够比较好地体现用户兴趣产生和迁移的过程,是猜测用户兴趣的重要基础。我们收集了从2019年12月1日到2020年1月31日两个月的用户历史行为记录,其中为了分析的准确性,剔除了机构账户的记录,例如复旦大学账户等。由于很多机构账户综合了多个学科,其关注的文献和学者不具备代表性和可预测性,因此我们只选择个人账户的行为记录。同时我们还删除了只有一条行为记录和只被访问过一次的文献资源,这些数据都不具有很强的可预测性,以及难以构建合适的真实数据来验证我们的系统的有效性。在通过以上筛选后,后续分析和实验的数据集的统计信息如表1所示。

表1 数据集统计信息

数据时间跨度	2019年12月1日—2020年1月31日
行为记录数量	1 052 942
用户数量	28 063
文献数量	69 115
学者数量(消歧后)	55 192

在检索行为产生后,用户会有选择地对文献进行下载或浏览。下载/浏览日志能够提供更丰富、具体的文献信息,包括文献唯一标识、文献标题、文献关键词、文献学科号(中图分类号)、文献作者、文献作者单位和下载/浏览行为发生时间,具体的字段说明如表2所示。

表2 数据集统计信息

序号	字段名	字段名解释	样 例 值	备 注
1	USER_ID	用户唯一标识	WFATT_U0N2IxZGIx	
2	USER_TYPE	用户类型	group	group为机构集体账号 person为个人
3	ARTICLE_ID	文献ID	zgcytzygkj201922130	
4	ARTICLE_TITLE	文献标题	公开招标与邀请招标的比较与选择	
5	DATATIME	下载时间/浏览时间	2019-12-22T03:02:03.146Z	
6	PROVINCE	用户操作所在省份	河北	

（续表）

序号	字段名	字段名解释	样　例　值	备　　注
7	KEYWORDS	文献关键词	激光振动测试仪;振动监测;实验教学	多个关键词用分号分割
8	CLASSCODE	文献学科号	TP;R	学科号为中图分类号,多个学科号用分号分割
9	AUTHOR	文献作者	刘树勇;刘永葆;卢锦芳;柴凯;苏攀	多个作者用分号分割
10	UNIT	文献作者单位	海军工程大学;湖南大学	多个作者单位用分号分割
11	TYPE	行为类型	1	1:下载;2:浏览(查看了文献的基本信息但是没有下载)

　　同一用户的检索、下载、浏览行为可以依用户唯一标识串联在一起,组成用户活动时间序列,也有助于借阅知识图谱的构建。

4　基于人名消歧的多任务学术推荐系统

4.1　系统整体流程

　　本文提出的系统整体流程如图 1 所示,共分为三大组件:作者人名消歧、异质信息图构建以及多任务图神经网络推荐预测。作者人名消歧组件利用机构名称消歧和文献语义信息进行高精准的人名消歧,为异质信息图构建提供准确的交互信息。基于此交互信息和相似历史行为记录的用户更有可能阅读相似的文章的直观理念,我们利用用户的历史文献类型浏览记录来量化用户,为多任务图神经网络推荐预测提供 user 结点的量化表示。最后的推荐预测模型则采用了最先进的深度图神经网络技术,从拥有丰富信息的异质图中直接提取结点和结点之间的关系,进而做出最终的预测结果。

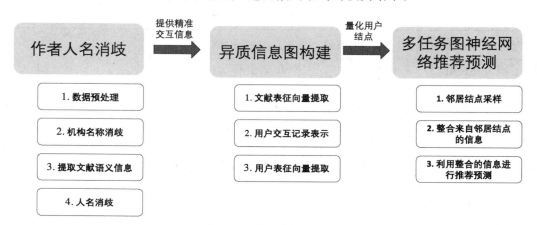

图 1　系统整体框架图

4.2　作者人名消歧组件

考虑到出现同名同姓的作者的情况,我们在构建预测模型之前,需要先对作者进行消歧,以免出现错误的文献-作者关系,进而导致预测效果的降低。

在本文中,我们提出了一个作者人名消歧方法,方法同时结合文献的作者机构附属关系、合著者的机构附属关系,论文标题、关键字等语义信息,用启发式方法快速进行人名消歧。作者人名消歧的流程图如图 2 所示。该方法包含了以下几个步骤:

(1) 数据预处理:去除一些无用、错误的信息,规整数据格式。

(2) 机构名称预处理:对机构名称进行消歧聚类,对机构字符串进行模糊匹配,对每一个文献的作者与单位进行匹配,使得多个机构别名对应到唯一一个机构名。此处,我们不仅使用了作者的信息,也利用了合著者的机构附属信息。

(3) 提取文献语义信息:对文献的标题和关键词用 Word2Vec[15] 预训练模型来提取其文献的语义信息表达。

(4) 人名消歧:根据作者机构、文献 embedding 相似性进行人名消歧。

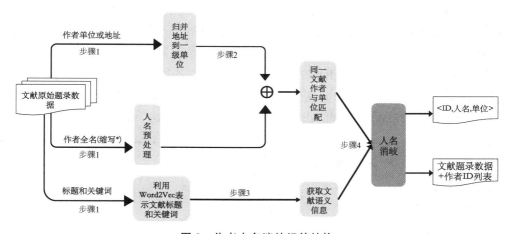

图 2　作者人名消歧组件结构

4.2.1　步骤 1:数据预处理

数据预处理包含了对作者署名、作者机构归属、文献标题和关键词的预处理。

首先对作者署名进行预处理,将中文名中的空格、逗号等特殊符号删掉,只留汉字。

第二步处理机构字符串,将机构字符串中的空格、特殊字符去掉,以免影响模糊匹配。再将同一文献的机构字符串归并到一级单位,对于一个地址,查找同一文献的所有其他地址,如果它包含了某个地址,则认为它并非一级单位,将它删除。例如:

> 福州大学电气工程与自动化学院;ls 福州大学;ls 集美大学;ls 集美大学轮机工程学院;ls 厦门大学;ls 厦门大学机电工程系;ls 厦门大学机电工程系;集美大学轮机工程学院

归并到

> 福州大学;集美大学;厦门大学

其中“厦门大学机电工程系”包含了“厦门大学”,那么只留下厦门大学。这样可在预处理的时候首先只留下一级机构,使得模糊匹配的相似度阈值更容易确定、更精确。

同时我们发现万方数据库作者机构有两种机构表达格式:

(1) name ＋ ： ＋ organization——可以与作者署名直接匹配;

(2) organization(无冒号)——无法与作者署名直接匹配,此时,将此文献机构列表中这样的机构分配给所有作者。

所以对每一篇文献,将所有无冒号的机构字符串分配给每一位作者,将有冒号的机构字符串分配给对应的作者,由此,每位作者的机构列表中既包含本身机构,又可能包含合著者机构的信息。

最后我们处理文献的标题和关键词,将其字符串中的空格、特殊字符去掉。

4.2.2　步骤 2:机构名称预处理

接着,对于已经预处理完毕的数据,我们先进行机构名称预处理,即机构名称消歧。后续作者名称的消歧将基于此机构名称消歧的结果。值得注意的是,这里的消歧专门指消解别名的情况,即将同一个机构的所有别名聚类,对此类中的所有的机构都用一个唯一名称表示。

为了降低复杂度,我们不是对数据库中所有出现的机构进行消歧,而是对每个作者的机构进行消歧。这是由于之后在进行人名消歧时,对于含同一个作者署名的文献,我们只与相同作者署名的机构列表进行比较。例如,对"赵菁"进行消歧,我们只会将当前这篇要归类的文献的机构列表,与其他包含"赵菁"的机构列表进行比较。

同时,由于我们的数据集具有最终聚类数量不确定、不同聚类群体数量规模差异大、结点拥有多种属性等特点,K-means[16]或基于密度的 DBSCAN[17]等一些常用的聚类算法无法适用于我们的数据集,因此,我们提出了自己的聚类算法,见图 3。

算法 1 机构名称消歧算法

输入: A <author name - 机构列表 > 的字典

输出: B <author name - 机构唯一名称:[机构别名]> 的字典

1: ε_1 token sort ratio 的阈值
2: ε_1 partial ratio 的阈值
3: **for** *item* in A **do**
4: 　　*name* ← A[name]
5: 　　B[name] ← 空集合
6: 　　**for** *address* in A[name] **do**
7: 　　　　使用 *token_sort_ratio*() 找到 *address* 的匹配集合 $S1$, 使得相似度 $>= \varepsilon_1$
8: 　　　　A[name] = A[name] ∩ S1
9: 　　　　使用 *partial_ratio* 找到 *address* 的匹配集合 $S2$, 使得相似度 $>= \varepsilon_2$
10: 　　　　A[name] = A[name] ∩ S2
11: 　　　　A[name].remove(address)
12: 　　　　B[name][address] ← $S1S2 \cup address$
13: 　　**end for**
14: **end for**

图 3　机构名称消歧算法

此算法中我们使用了 *token_sort_ratio*() 和 *partial_ratio*() 两个字符串相似度计算算法,其中 *token_sort_ratio*() 为模糊匹配算法。我们采用 Fuzzywuzzy① 工具包来衡量

---

① 　https://github.com/seatgeek/fuzzywuzzy

两个字符串之间的编辑距离,即字符串相似度。编辑距离,也叫莱文斯坦距离(Levenshtein distance),是针对两个字符串(例如英文字)的差异程度的量化量测,量测方式是看至少需要多少次的处理才能将一个字符串变成另一个字符串。

$$\text{lev}_{a,b}(i,j)\begin{cases}\max(i,j),\\\min\begin{cases}\text{lev}_{a,b}(i-1,j)+1,\\\text{lev}_{a,b}(i,j-1)+1,\\\text{lev}_{a,b}(i-1,j-1)+1_{(a_i\neq b_j)}\text{。}\end{cases}\end{cases} \qquad ①$$

Fuzzywuzzy 是一个对编辑距离进行封装,加速模糊匹配串查找的库。同时对于不同的需求场景,在编辑距离的基础上还有不同计算匹配度的规则。这里用到的是 Fuzzywuzzy 中的 $token\_sort\_ratio()$,它的工作原理如下:

(1)先对两个字符串分别进行分词;

(2)在词这个粒度进行排序;

(3)计算两个字符串排序之后的编辑距离;

(4)将编辑距离转为百分制相似度。

除了词语顺序以外,在现实生活中,机构是有层级关系的,数据库中也并未规范化机构的层级。因此,同一个作者在不同文献中,机构可能填写到不同的层次。由于万方数据库中的作者数目庞大,来自世界各地,我们认为,同属一个一级机构的作者是同一个作者,因此我们还需要 $partial\_ratio()$,它在计算编辑距离的基础上,计算两个字符串之间的重合度,若 x 是 y 的子集,则视为 $x=y$,相似得分 score$=100$。

在机构消歧之后,我们将每篇文献中"作者-机构列表匹配"中的所有机构按消歧之后的唯一名称进行转换。

4.2.3 步骤3:提取文献语义信息

这一步,我们使用 Jieba 中文分词工具包①对每一篇论文的标题进行分词,使用预训练好的 Skip-Gram 版本的 Word2Vec 语言模型对文献的标题和关键词中每一个词进行词语嵌入表达。Word2Vec 模型是一种先进的自然语言处理模型,将词语输入 Word2Vec 模型中,其会输出一个 n 维的数值向量来表示此词的含义。预训练的 Word2Vec 模型在大规模的预料数据集上进行训练,可以捕获词语之间的逻辑关系,例如通过 Word2Vec 得到"国王""女王""男性""女性"这 4 个词语的数值向量,则可以得到:"国王"-"女王"="男性"-"女性",从而表现模型捕获的语义逻辑信息。

由于标题和关键词是由多个词语组成的,因此我们将得到的每个词的词向量进行平均,用以表示该文献的向量。最终,每一篇文献有 300 维的词向量。

文献语义信息可以为我们判断作者是否是同一个提供有力的依据,文献的表示对人名消歧的结果会有较大影响。在 AMiner② 数据集上进行测试,由于无机构文献占比很大,增加文献语义信息这条规则后精度从 0.45 上升到 0.65,进而说明文献语义信息的重要性。

① https://github.com/fxsjy/jieba

② https://www.aminer.cn

4.2.4　步骤4：人名消歧

我们基于如下规则进行消歧。

对同名作者的每一篇文献：

（1）如果是第一篇文献，则生成一个新的聚类。

（2）否则，遍历该author name的所有聚类，若两者机构列表的Jaccard Score超过阈值 δ，说明两者属于某些相同的机构，或与相同机构的另外一些作者合作过，那么认为该文献属于这个聚类。

（3）在遍历时，如果本篇文献没有机构，或者该聚类没有机构，则进行文献embedding的比较，具体采用余弦相似度。如果在与其最相似的聚类中，余弦相似度超过阈值 σ，则认为该文献属于这个聚类。

（4）否则，生成一个新的类。

其中，当作者名是一个单位，即包含"委员会""协会""编委会"等字符时，认为不会有重名现象，其所有文献同属一个类。如图4是详细的人名消歧算法。

算法1 人名消歧算法

输入： *Dataset* 数组

输出： 增加作者ID的题录数据；< 人名 - id > 字典

```
1: for row in Dataset do
2:     预处理人名
3:     预处理机构字符串得到第一类机构 addr1，第二类机构 addr2='name':'addr'
4:     if index = 1 then
5:         直接新建 ID，作者，地址三元组
6:     else
7:         for name in namelist do
8:             if 该人名不存在 then
9:                 直接新建 ID，作者，地址三元组
10:            else
11:                S ← 同名的所有 ID
12:                x ← 该人名的地址集合
13:                for id in S do
14:                    y ← id 的地址集合
15:                    for 地址 in y do 在 x 中查找地址的模糊匹配 m = token_sort_ratio()
16:                        if m > k then: 将 y 中该地址替换为 x 中的相应地址
17:                        end if
18:                    end for
19:                    计算 x,y 的 jaccard index
20:                end for
21:                if jaccard_index >= ε then
22:                    两者为同一个人，合并地址集合
23:                    break
24:                end if
25:                if 循环中没找到匹配 then
26:                    新建 ID，作者，地址三元组
27:                end if
28:            end if
29:        end for
30:    end if
31: end for
```

图4　人名消歧算法

该算法包括 4 个超参数：机构消歧的参数 $\delta1$、$\delta2$，经过经验调节和在 AMiner 数据集上测试，较好的设置分别为 75、80；人名消歧的参数 δ 和 σ，其中 δ 是机构列表的 Jaccard Index，表示有多大程度重合才算作同一作者，此处设置为 0.3；σ 是文献相似度阈值，此处设置为 0.7。

其中，若数据集中无机构的文献占比较多，则 σ 的设置、文献的表示对人名消歧的结果会有较大影响。

万方数据库人名规模为 55 万左右，文献数据规模为 151 万左右。我们提出的方法，在 4 核 1.6 GHz Dual-Core Intel Core i5，8G 内存的 Mac Air 主机上可以在 10～20 分钟内进行人名消歧，整个流程包括预处理、机构消歧等，充分说明了本算法时间效率是可以接受的。

4.3　构建异构信息图

经过第一步的人名消歧，我们将作者从不唯一的文字转成唯一的作者 ID 编号。在原来的题录数据中，每条文献加入作者的 ID，并且保留人名、机构的预处理，输出能与唯一作者对应的题录数据。

基于此题录数据，我们构建用户使用记录异构信息图 G，如图 5 所示。异构信息图 G 中有 3 类结点，分别为：user、article、author；3 类边，分别为：user-article 的借阅记录、user-author 的关注记录、article-author 的发表关系。

值得注意的是，以上构建的异构信息图仅仅利用了各类交互数据，却并未利用文献记录的语义信息、交互的时序信息。为此，我们对各结点的表现方式进行了更深入的分析与讨论。

对于 article 结点而言，由于每条文献记录有对应的明确的文献学科号（中图分类号），因此我们可以利用该结构化信息表示 article 结点，从而将每篇文献记录的主题信息融入模型中。

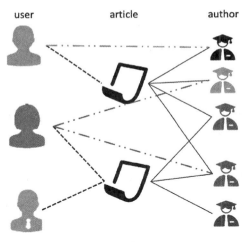

图 5　异构信息图

对于 user 结点而言，我们分析得出每个用户都有不同的阅读习惯，具体体现在两方面：

（1）用户阅读、下载文献的记录通常呈现出不同的规律。例如：本科学生常常在期中、期末时期的几天内频繁下载文献，而研究生在日常学习中均有下载文献的需求，因此这类用户的下载文献的记录往往呈现出均匀分布的现象。

（2）不同研究兴趣的用户的阅读文献记录通常呈现出极强的主题性。例如：文科生、理科生阅读的文献记录类型相差甚远。相同主题性的检索词条和浏览、下载的文献记录的类型具有很强的相似性，这可以作为我们文献推荐以及作者推荐的强力因素。

因此，我们通过分析用户与文献的交互记录的规律以及主题，对用户的行为模式进行建模,从而利用交互的时序信息、文献记录的语义信息对 user 结点进行有效的表示。

对于 author 结点而言,由于"作者"以被动访问的状态出现在数据集中,不具有主观能动性,且数据集未提供作者的个人信息,因此无须对 author 结点进行建模,仅对 article、user 结点建模即可。

4.3.1　文献表征向量提取

在数据集中,每一条文献记录都根据《中国图书馆分类法》标有一个或多个明确的类别号①。《中国图书馆分类法》是我国编制出版的一部具有代表性的大型综合性分类法,主要分为 22 个大类(例如哲学、政治、文学、自然科学等),其中每一类有相应的二级类别。可见,文献记录的类型是高度结构化的。因此,如前所述,我们可以利用明确的中图法类别号表示每一个 article 结点。

首先,我们以二级类别为分类粒度(共 201 类),对每一条文献记录的类别号进行相应归类。值得注意的是,对于缺少"类别号"信息的文献,我们统一归到自定义的 NAN 类。

接着,我们将所有的类别(共 202 类)利用 one-hot 向量进行表示。由此,我们可以进一步得到每一篇文献的表示方法:将它所有相关的类别号的 one-hot 向量进行相加。最终,每一篇文献都可以表示为一个维度为 202 的向量,每一维度表示一个类别,如果该文献涉及该类别,则该文献表示向量的对应维度为 1,否则为 0。因此,相似类别的文献的表示向量更容易相似,这种表示方法有效考虑了文献的主题性。

4.3.2　用户交互记录表示

获得文献的主题性后,我们要对用户的交互记录进行合理的表示。由于数据集中的数据全部分布于 2019 年 11 月 30 日至 2020 年 1 月 30 日的 61 天之内,因此,我们可以用一个 61 维的向量表示用户 61 天内的数据。为了表示用户每一天的阅读记录,我们对每日用户阅读的文献表示向量求平均,所得向量即可表示该用户当日的阅读记录的主题。最终,我们得到一个 61×202 维的矩阵,其中第一维代表 61 天,第二维代表当日用户的阅读记录信息。若用户当天没有交互记录,则用零向量表示当日的交互数据。所以,这个二维矩阵不仅有效表示了用户每日的阅读主题性,同时也涵盖了用户的阅读日期分布,有效表示了用户的交互记录。

4.3.3　用户表征向量提取

为了对用户的行为模式进行建模,我们将用户的交互记录输入到了 T-LSTM[18] 模块中。过去的论文常常使用长短期记忆模型 LSTM[19](long short term memory)对序列数据进行建模,因为它可以捕捉相隔距离较远的记录之间的联系,不会因为序列数据过长而遗忘关键的信息。

LSTM 是一种经典的循环神经网络,常用以对较长的序列数据进行建模。与传统的循环神经网络 RNN(recurrent neural network)相似,它通过一系列相连的人工神经元组成传递信息,每一个神经元均接收输入数据 x_t,通过神经元中的激活输出数据 y_t,并通过隐藏状态 h_t(hidden state)传递信息给下一个人工神经元。而 LSTM 较之传统

---

① http://www.ztflh.com

的 RNN 的优势在于,它解决了过去循环神经网络随着序列数据变长导致的梯度爆炸、梯度消失问题,从而能够捕捉时间间隔较长的数据时间的关系,对较长的序列数据进行有效的建模。

在 LSTM 中,信息的传递不再仅仅依靠隐藏状态h_t,同时引入了神经元状态c_t(cell state),在每个时间戳内对信息进行记忆及筛选。

$$c_t = f_t c_{t-1} + i_t \sigma[W_c(x_t + h_{t-1}) + b_c], \tag{②}$$

$$h_t = o_t \sim \tanh(c_t)。 \tag{③}$$

因此,在 LSTM 中,每一刻主要有 3 个输入:(1) x_t 是这一个时间戳 t 的输入数据;(2) h_{t-1} 是来自上一个神经元产生的输出数据,代表短期记忆;(3) c_{t-1} 是来自上一个神经元传递下来的数据,代表长期记忆。

$$h_t, c_t = f(x_t, h_{t-1}, c_{t-1})。$$

而 LSTM 之所以能解决梯度爆炸、梯度消失问题,主要由于它在每个人工神经元中引入了 3 个"门":遗忘门f_t、输入门i_t、输出门o_t,其中遗忘门 f_t 决定了从上一个神经元中需要保留的信息,输入门i_t决定了从当前时间戳的输入数据中需要利用的信息,输出门o_t决定了需要将什么数据通过隐藏状态传递给下一个神经元。这 3 个"门"都由 sigmoid 函数 $\sigma(\cdot)$实现。

$$f_t = \sigma[W_f(x_t, h_{t-1}) + b_f], \tag{④}$$

$$i_t = \sigma[W_i(x_t, h_{t-1}) + b_i], \tag{⑤}$$

$$o_t = \sigma[W_o(x_t, h_{t-1}) + b_o]。 \tag{⑥}$$

但是,由于 LSTM 的输入数据仅仅为按顺序排列的记录,因此 LSTM 仅仅对具有规律时间间隔的序列数据表现较好,而对于不规律的时间间隔的序列数据而言,LSTM 并没有很好地利用时间间隔所提供的信息。基于此,T-LSTM 对 LSTM 进行改进,通过利用相邻记录之间的间隔时间长度,从而更好地对具有不规律时间间隔的记录进行建模,如图 6 所示。

如前所述,从以上的公式中可以看出,LSTM 并没有利用相邻记录的时间间隔信息。而对于不规律的数据而言,时间间隔信息往往蕴含了用户的隐式行为模式。基于此,T-LSTM通过将时间间隔Δ_t作为权重控制 cell state,从而有效利用时间间隔数据。

$$C_{t-1}^S = \tanh(W_d C_{t-1} + b_d), \tag{⑦}$$

$$\widehat{C_{t-1}^S} = C_{t-1}^S \cdot g(\Delta_t), \tag{⑧}$$

$$C_{t-1}^T = C_{t-1} - C_{t-1}^S, \tag{⑨}$$

$$C_{t-1}^* = C_{t-1}^T + \widehat{C_{t-1}^S}, \tag{⑩}$$

$$C_t = f_t \cdot C_{t-1}^* + i_t \cdot \widehat{C}, \tag{⑪}$$

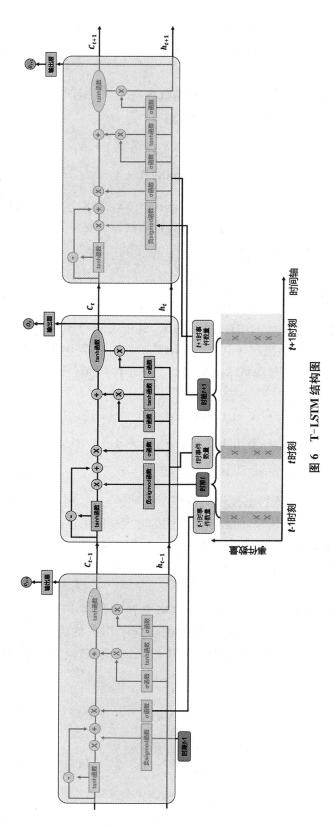

图 6 T-LSTM 结构图

其中：C_{t-1}^S 通过 tanh 激活函数代表短期记忆；$\widehat{C_{t-1}^S}$ 为将时间间隔作为权重进行调整的短期记忆，其中 $g(\cdot)$ 函数是一个单调递减的函数，代表着随着时间间隔越长，从上一刻所保留的信息越少；C_{t-1}^T 为长期记忆；C_{t-1}^* 结合了 $t-1$ 时刻的短期记忆以及长期记忆，作为 $t-1$ 时刻的 cell state；C_t 为 t 时刻的 cell state，由遗忘门和输入门控制需要传递的信息。

对于我们的数据而言，大部分用户的阅读记录呈现出较为稀疏并且间隔时间长短不一致的情况，更适用于 T-LSTM 的建模数据特征。基于以上分析，我们将用户的阅读记录序列以及相应的时间间隔信息输入 T-LSTM 模块中，最终提取其编码器部分最后一个 cell 输出的 hidden state（128 维的向量）作为该用户行为模式的表示，从而完成对用户阅读习惯的建模。

4.4 多任务图神经网络预测组件

一般来讲，推荐系统的工作可以分为嵌入和预测两个流程。推荐系统的效果好坏直接取决于嵌入的用户向量和物品向量的质量。从早期的矩阵分解到现在的深度学习方法，都在不断提高将结点嵌入到低维稠密向量空间的质量。通过使用用户（或物品）的 ID 以及其他固有属性信息，使用协同过滤的思想，即可联合有相同癖好的用户和相同属性的物品，获取用户（或物品）的嵌入向量，提高预测的准确性。

然而，推荐系统的数据集往往十分稀疏。举例来说，一个用户可能只看过一万部电影中的一百部电影。在提取用户的特征的时候，会遇到过于稀疏的问题，从而导致梯度消失或者效果不佳。为了解决该问题，一大批算法通过联合其他结点的信息，来增强原结点的特征，从而提高系统的性能。其中最具代表的便是基于图神经网络的推荐系统。

如图 7 所示，图神经网络是一种先进的基于图结构的深度学习方法，其在各类基于图的问题上都取得了不错的表现，例如链接预测、结点标签预测、图结构分析等。在本文中，我们通过聚合邻居结点的信息，来提高对结点的表征能力。用户的信息可以联合物品的信息，物品的信息可以通过联合用户的信息。以此往复，从而捕捉到充足的特征信息。在本文中，我们采用 Hamilton 等学者[20]在 2017 年提出的 GraphSAGE 作为我们模型的图神经网络基础。GraphSAGE 可以缓解冷启动问题，而且可以方便地自定义误差函数。

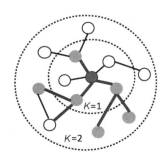

1. 邻居结点采样

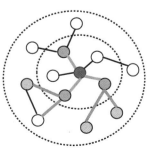
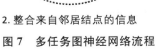

2. 整合来自邻居结点的信息

3. 利用整合的信息进行推荐预测

图 7 多任务图神经网络流程

4.4.1　嵌入层

基于图的结构产生的协同信号,我们可以获取每个结点更加精练的信息。在本文中,我们定义 r_u、r_p 和 r_a 分别为用户、论文和作者的嵌入向量,通过学习这几个向量,来为用户协同推荐论文和作者。在本文中,一共有 user-paper、user-author 和 paper-author 3 种异质图的关系,因此:

- 对于用户,邻居结点可能存在论文和作者两种类型;
- 对于论文,邻居结点可能存在用户和作者两种类型;
- 对于作者,邻居结点可能存在用户和论文两种类型。

(1) 邻居结点采样

对于一个结点来讲,经常具有较多的邻居结点,若把所有结点都聚合到该结点上,会引入过大的时间复杂度。为了提高效率,同时兼备邻居结点的有效性,我们通过采样的策略,来获取一定数量的邻居结点。

采样的策略有多种,如随机采样、概率分布采样等。在本文中,我们不需要为结点引入偏置信息,因此采用随机采样即可。

(2) 嵌入层

在我们的模型中,采用了两层嵌入来提高结点的特征表达能力。在学习用户的向量表示的场景中,我们先通过聚合该用户邻居的邻居的信息,获取该用户的邻居的向量表示;基于此,再通过聚合该用户邻居的向量表示,从而获取该用户的向量表示。

因此,一阶嵌入学习的是结点邻居的向量表示。根据图神经网络的思想,可以表示如下:

$$r'_{N(u)} = \mathrm{AGGREGATE}(\{r_x, \ \forall u \in \mathcal{N}(u)\}), \qquad ⑫$$

$$r'_{N(u)} = \sigma[W \cdot \mathrm{CONCAT}(r'_{N(u)}, r_{N(u)})], \qquad ⑬$$

$$r'_{N(a)} = \mathrm{AGGREGATE}(\{r_x, \ \forall a \in \mathcal{N}(a)\}), \qquad ⑭$$

$$r'_{N(a)} = \sigma[W \cdot \mathrm{CONCAT}(r'_{N(a)}, r_{N(a)})], \qquad ⑮$$

$$r'_{N(p)} = \mathrm{AGGREGATE}(\{r_x, \ \forall p \in \mathcal{N}(p)\}), \qquad ⑯$$

$$r'_{N(p)} = \sigma[W \cdot \mathrm{CONCAT}(r'_{N(p)}, r_{N(p)})], \qquad ⑰$$

其中 $N(x)$ 表示的是 x 结点的邻居结点。求得邻居结点的特征表示向量 $r_N(u)$、$r_N(p)$ 和 $r_N(a)$ 后,即可进一步执行二阶嵌入,获得我们所需要的结点的嵌入。二阶向量的结点嵌入可以表示如下:

$$r'_u = \mathrm{AGGREGATE}(\{r_x, \ \forall u \in \mathcal{N}(u)\}), \qquad ⑱$$

$$r'_u = \sigma[W \cdot \mathrm{CONCAT}(r'_u, r_u)], \qquad ⑲$$

$$r'_a = \mathrm{AGGREGATE}(\{r_x, \ \forall a \in \mathcal{N}(a)\}), \qquad ⑳$$

$$r'_a = \sigma[W \cdot \mathrm{CONCAT}(r'_a, r_a)], \qquad ㉑$$

$$r'_p = \text{AGGREGATE}(\{r_x, \forall p \in \mathcal{N}(p)\}),\qquad ②②$$

$$r'_p = \sigma[W \cdot \text{CONCAT}(r'_p, r_p)]。\qquad ②③$$

在两次嵌入的过程中,都运用到了聚合函数 AGGREGATE。该函数可以有很多种形式,如 MEAN、GCN、MAXPOOL 等。在本文中,我们采用了 MEAN,即取所有结点的平均值,从而获得最后的嵌入结果。在每次嵌入中,可以通过参数矩阵 W,来调整嵌入向量的维度大小。

4.4.2 预测层

与传统的神经协同过滤的方法一样,我们的方法也通过全连接神经网络(MLP)来获得最后的预测输出。与传统的矩阵分解方法不同的是,我们的方法不单单衡量两个特征表示向量的相似度(内积),而是通过深度神经网络来引入非线性性。

为了衡量用户是否会选择一篇论文,表达式如下:

$$\widehat{y_{up}} = \text{MLP}(r_u, r_p)。\qquad ②④$$

为了衡量用户是否会选择一个作者,表达式如下:

$$\widehat{y_{ua}} = \text{MLP}(r_u, r_a)。\qquad ②⑤$$

经过全连接神经网络后,使用 sigmoid 激活函数得到 $0 \sim 1$ 之间的值,从而进行模型的预测与训练。

4.4.3 训练优化

在本文模型中,我们采用了 BPR Loss 作为模型的损失函数。该损失函数在贝叶斯个性化排序中第一次被提出,是一种基于负采样(negative sampling)的损失函数。在该损失函数中,用户与论文或作者的交互数据被考虑为三元组的形式,即(用户,论文,是否感兴趣)、(用户,作者,是否感兴趣)。我们不需要去考虑用户对物品实际的排序关系,只需要考虑用户相对的、是否会对物品感兴趣的关系。

我们的推荐系统除了文献推荐,还有学者推荐,也就是说,在最后一步利用整合的信息进行推荐预测时,需要分别输出文献和学者两个角度的结果。因此我们在 GraphSAGE 的基础上,添加了一条分支误差来学习如何预测学者,这种机制叫作多任务学习。在本文中,损失函数被分为 3 个部分——用户与论文的损失函数、用户与作者的损失函数和正则化项。根据多任务学习的理念,损失函数如下所示:

$$\text{loss} = \text{loss}_1 + \alpha \cdot \text{loss}_2 + \beta \cdot \text{reg},\qquad ②⑥$$

$$\text{loss}_1 = 0.5\,(r_u - r_b)^2,\qquad ②⑦$$

$$\text{loss}_2 = 0.5\,(r_u - r_b)^2,\qquad ②⑧$$

$$\text{reg} = |W|^2,\qquad ②⑨$$

其中,r_u、r_b、r_a 分别代表用户嵌入向量、文献嵌入向量以及作者嵌入向量。这种学习方法不仅完成了主线任务,而且还利用支线分支的误差函数得到支线任务的结果,还能在一

定程度上给主线任务提供一定的信息。

4.5　推荐系统表现

4.5.1　系统表现对比

为了系统地评估模型推荐能力,我们采用 NDCG(normalized discounted cumulative gain)指标来衡量模型性能。推荐系统是一个"搜索-返回结果列表"的问题,本质是输入一个搜索,系统返回一个结果列表,衡量这个结果列表的好坏通常从两个方面考虑:

(1)如果相关性较高的文档出现在搜索引擎结果列表中的位置较早(排名较高),则更有用;

(2)高度相关的文档比边缘相关的文档更有用。

第一个条件的满足是首要的,而第二个条件的加入是保证整体结果质量,这两个条件都体现在 NDCG 里面。首先,为了计算 NDCG,我们需要先计算收益(gain),这个 gain 即搜索结果列表中所有结果的分级相关值的总和,整体质量越高的结果列表 gain 值越大。

这个 gain 的计算不受搜索结果顺序更改的影响。也就是说,移动高相关度的结果的位置不会影响其结果,即没有考虑每个推荐结果处于不同位置对整个推荐效果的影响。但我们总是希望相关性高的结果排在前面。因此进一步提出折让累计收益,其核心思想是在搜索结果列表中显示的相关性较高的文档应受到惩罚,这是因为分级的相关性值将与结果位置成对数比例降低。最后,我们还需要对不同的搜索和推荐结果之间进行衡量与比较。然而不同推荐结果的长度是不相同的,因此需要进行归一化处理,也即归一化折损累计增益,其具体的公式如下:

$$\text{NDCG}_p = \frac{\text{DCG}_p}{\text{IDCG}_p}, \tag{30}$$

$$\text{IDCG}_p = \sum_{i=1}^{|\text{REL}_p|} \frac{2^{\text{rel}_i} - 1}{\log_2(i+1)}, \tag{31}$$

其中,IDCG_p 是理想化的折现累计收益,是当推荐系统为某一用户返回的最好推荐结果列表是最理想的结果列表时计算得到的 DCG,此序列的 DCG 为 IDCG,因此 DCG 的值介于(0,IDCG],故 NDCG 的值介于(0,1];REL_p 表示语料库中直至位置 p 的相关文档列表(按其相关性排序)。

我们选择了 2 个前人工作来和本文中提出的方法进行对比。一种是成熟的商业推荐系统,另一种是最新的推荐系统研究:

(1)贝叶斯个性化排名[21](Bayesian personalized ranking,BPR)。贝叶斯个性化排名是一种成熟的商业推荐算法,其针对的是大规模的数据场景。利用 BPR,系统将针对特定用户,推荐其最感兴趣的一个结果列表,使得获得收益最大。在实验复现中,我们设置 BPR 模型梯度步长为 0.005,正则化参数为 0.01。

(2)EHCF[22]。它提出了一种优化算法,可处理全部数据而不需要负采样,从而解决了负采样带来的推荐效果不佳的问题;同时基于多任务学习,考虑了多种不同类型的交互,对每种交互概率分别进行预测,最优化推荐物品的目标交互类型(如购买)的概率。在实验复现中,我们采用了作者的默认设置,EHCF 模型梯度步长为 0.05,Dropout 为 0.7,负采样权重为 0.5,嵌入维度为 64,批大小为 32。

我们的模型中共有 6 个超参数,分别设置梯度步长为 0.1,负采样权重为 0.003,负采样数量为 5,语义信息维度向量为 128 维,嵌入层维度为 100,预测层维度为 64。

从表 3 和表 4 我们可以看到,同前人工作相比,不管是成熟的商业推荐系统,还是推荐系统领域的最新研究,我们的模型均取得了最优的表现。同 EHCF 相比,我们的模型在文献推荐的各项指标上最高有 2 倍的提升,但是我们也发现,在学者推荐问题上,我们的模型在 NDCG@200 上比 EHCF 差 26%。这表明在结果列表数量越大的情况下,我们的系统表现不够好,即无法尽可能推荐同搜索有关的结果。我们还发现,相比于文献推荐,学者推荐的效果会更好,这可能是因为在人名消歧后,学者的数量比文献的数量更少,使得其检索的矩阵不会过于稀疏,其最终返回的结果列表也会更加精准。

表 3　模型在文献推荐上的对比结果

模　　　型	NDCG@50(10^{-4})	NDCG@100(10^{-4})	NDCG@200(10^{-4})
BPR	2.61	3.87	5.26
EHCF	3.63	5.07	7.97
本文	7.97	7.97	9.71

表 4　模型在学者推荐上的对比结果

模　　　型	NDCG@50(10^{-4})	NDCG@100(10^{-4})	NDCG@200(10^{-4})
BPR	4.74	9.49	10.79
EHCF	7.67	9.82	15.62
本文	10.77	11.89	11.59

4.5.2　组件贡献

同时我们还对每个组件做了相应的消融实验来讨论不同组件对于最后系统的贡献程度。为了讨论不同组件对于整合系统的贡献程度,我们采用查看整体模型减去某一组件后的预测表现。当整体模型减去该组件时,通过查看其预测表现的下降程度,来讨论该组件在整合系统中的贡献程度。预测表现下降得越多,说明该组件的贡献程度越大。实验结果如表 5 和表 6 所示,All 表示结合了本文提出的 3 个组件的整合系统,(-) 表示相比于 All 模型,"减掉"某一项后的系统。

表 5　模型组件消融实验结果(文献推荐问题)

模　　　型	NDCG@50(10^{-4})	NDCG@100(10^{-4})	NDCG@200(10^{-4})
(-) 人名消歧	0.93	1.48	2.26
(-) 语义信息	3.02	4.91	6.69

（续表）

模　　　型	NDCG@50(10^{-4})	NDCG@100(10^{-4})	NDCG@200(10^{-4})
（-）多任务学习	3.14	4.79	7.80
All	7.97	7.97	9.71

表6　模型组件消融实验结果（学者推荐问题）

模　　　型	NDCG@50(10^{-4})	NDCG@100(10^{-4})	NDCG@200(10^{-4})
（-）人名消歧	2.46	3.97	5.99
（-）语义信息	4.65	6.46	10.35
（-）多任务学习	4.72	7.54	11.66
All	10.77	11.89	11.59

从表中我们很直观地得知，不管消除哪个组件，我们的系统的表现都会出现一定的下降，这说明每一个组件都对最终的结果起到了积极的贡献作用。其中人名消歧的作用最为明显，当消除人名消歧组件后，NDCG@50在文献推荐问题中，从$7.97×10^{-4}$降为$0.93×10^{-4}$，在学者推荐问题中从$10.77×10^{-4}$降为$2.46×10^{-4}$。其主要原因有两方面，一是在没有做消歧的情况下，结点数量过多，极易导致梯度爆炸和局部最优；二是预测出来的结果不够准确，特别是作者推荐，因为由于并没有做人名消歧，一个作者可能是多名作者身份的叠加，系统可能推荐同名同姓的另一个作者。论文的语义信息，即用户历史浏览文献的主题性，也为最终的预测结果提供一定的贡献。用户的历史浏览数据在一定程度上代表了这个用户所关注的领域问题，基于这个信息，我们的系统将更倾向于给用户推荐和他类似的用户所浏览过的文献和关注的学者，进而提高推荐的准确度。我们的推荐系统除了文献推荐，还有学者推荐，也就是说，在最后一步利用整合的信息进行推荐预测时，我们的系统分别输出文献和学者两个问题的结果列表。实验证明，在同时考虑两个问题时，学者和文献的信息可以相互辅助，互相提供信息，将在一定程度上提高系统的准确性。

5　总结与未来工作

本文提出了一种基于多任务图神经网络的文献和学者推荐系统，该系统基于用户的历史使用记录对其感兴趣的文献和学者进行推荐，并解决了学者推荐中的人名歧义问题。实验结果表明，我们的系统与前人的工作相比，表现更优，可以提供更加准确的推荐准确率。本工作不仅能服务于入门阶段的科研人员，帮助他们较快熟悉新领域，也可以降低机构和平台对数据库的维护成本。

本文工作主要关注对作者人名歧义的处理，对于一些层次更复杂的文本信息和结构，仍然需要进一步的研究。复杂信息的处理步骤相对较多，但二者基本思路相同，因此，我们仍然可以基于本文的思路构建多任务图神经网络来进行分析和推荐。另外，由于本工作中获取的数据集的时间只有 2 个月(2019 年 12 月到 2020 年 1 月),跨度过短,其体现的数据趋势不足以支持热门领域的发现工作。在未来的工作中,我们计划获取更长时间跨度的数据集,通过学科发现、热门领域发现的系列工作,追踪科研热点,识别重要方向,为研究人员提供更多维度的信息推荐,进一步降低学习成本,提高科研工作效率。

参考文献

[1] Wang J,Berzins K,Hicks D,et al. A boosted-trees method for name disambiguation[J]. *Scientometrics*,2012,93(2):391-411.

[2] Tran H N,Huynh T,Do T. Author name disambiguation by using deep neural network[C]//In *Asian Conference on Intelligent Information and Database Systems*,2014 Apr 7:123-132.

[3] Tang J,Fong A C,Wang B,et al. A unified probabilistic framework for name disambiguation in digital library[J]. *IEEE Transactions on Knowledge and Data Engineering*,2011,24(6):975-987.

[4] Wang F,Tang J,Li J,et al. A constraint-based topic modeling approach for name disambiguation[J]. *Frontiers of Computer Science in China*,2010,4(1):100-111.

[5] Fan X,Wang J,Pu X,et al. On graph-based name disambiguation[J]. *Journal of Data and Information Quality(JDIQ)*. 2011,2(2):1-23.

[6] Shin D,Kim T,Choi J,et al. Author name disambiguation using a graph model with node splitting and merging based on bibliographic information [J]. *Scientometrics*,2014,100(1):15-50.

[7] 张坤,王文韬,谢阳群.机器学习在图书情报领域的应用研究[J].图书馆学研究,2018(1):47-52.

[8] Tang J,Zhang J,Yao L,et al. Arnetminer:Extraction and mining of academic social networks [C]//*Proceedings of the 14th ACM SIGKDD International Conference on Knowledge Discovery and Data Mining*,2008:990-998.

[9] Shi C,Zhang Z,Luo P,et al. Semantic path based personalized recommendation on weighted heterogeneous information networks[C]//*Proceedings of the 24th ACM International Conference on Information and Knowledge Management*,2015:453-462.

[10] Perozzi B,Al-Rfou R,Skiena S. Deepwalk:Online learning of social representations [C]//*Proceedings of the 20th ACM SIGKDD International Conference on Knowledge Discovery and Data Mining*,2014:701-710.

[11] Yang K,Zhu J. Next POI recommendation via graph embedding representation from H-Deepwalk on hybrid network[J]. *IEEE Access*,2019,7:171105-171113.

［12］Shi C，Hu B，Zhao W X，et al. Heterogeneous information network embedding for recommendation［J］. *IEEE Transactions on Knowledge and Data Engineering*，2018，31(2)：357-370.

［13］Lu Y，Fang Y，Shi C. Meta-learning on heterogeneous information networks for cold-start recommendation［C］//*Proceedings of the 26th ACM SIGKDD International Conference on Knowledge Discovery & Data Mining*，2020：1563-1573.

［14］万方数据.万方数据知识服务平台期刊文献用户行为日志.http://hdl.handle.net/20.500.12291/10221 V1［Version］.

［15］Mikolov T，Sutskever I，Chen K，et al. Distributed representations of words and phrases and their compositionality［C］//*Proceedings of the 27th Advances in Neural Information Processing Systems*，2013：3111-3119.

［16］Forgy E W. Cluster analysis of multivariate data：Efficiency versus interpretability of classifications［J］. *Biometrics*，1965，21(3)：768-769.

［17］Ester M，Kriegel H P，Sander J,et al. A density-based algorithm for discovering clusters in large spatial databases with noise［C］//*Proceedings of the Second International Conference on Knowledge Discovery and Data Mining*，1996：226-231.

［18］Baytas I M，Xiao C，Zhang X，et al. Patient subtyping via time-aware LSTM networks［C］//*Proceedings of the 22nd ACM SIGKDD International Conference on Knowledge Discovery and Data Mining*，2017：65-74.

［19］Hochreiter S，Schmidhuber J. Long short-term memory［J］. *Neural Computation*，1997：1735-1780.

［20］Hamilton W L，Ying R，Leskovec J . Inductive representation learning on large graphs［J］. *Advances in Neural Information Processing Systems*，2017，1024-1034.

［21］Rendle S，Freudenthaler C，Gantner Z，et al. BPR：Bayesian personalized ranking from implicit feedback［C］//*Proceedings of the 25th Conference on Uncertainty in Artificial Intelligence*. AUAI Press，2009.

［22］Chen C，Zhang M，Zhang Y，et al. Efficient heterogeneous collaborative filtering without negative sampling for recommendation［C］//*Proceedings of the 34th AAAI Conference on Artificial Intelligence*，2020，34(1)：19-26.

作者介绍和贡献说明

周孟莹：复旦大学计算机学院博士生，主要研究方向为在线社交网络、用户行为分析、机器学习等。主要贡献：提出研究思路、设计研究方案、跟进各方进度。E-mail：myzhou19@fudan.edu.cn。

陈疏桐：复旦大学计算机学院本科生，擅长 C 语言、Python 语言编程，主要研究方向为数据挖掘、机器学习。主要贡献：人名消歧系统设计及其相关实验、论文修改。

何千羽：复旦大学计算机学院本科生，主要研究方向为社交网络数据挖掘、机器学习安全隐私等。主要贡献：数据分析、聚类相关实验、论文修改。

侯鑫鑫：复旦大学图书馆馆员，主要研究方向为学科情报分析和用户行为研究。主要贡献：论文数据特征分析及清理指导、论文修改。

李宛达：清华-伯克利深圳国际研究生院研究生，主要研究方向为在线社交网络、机器学习、数据挖掘等。主要贡献：技术支持、论文修改。

许智威：上海大学计算机学院本科生，主要研究方向为数据挖掘、机器学习。主要贡献：数据预处理、深度学习相关探索、特征统计图、论文修改。

在线健康社区自闭症饮食干预的主题探测及潜在影响探析[*]

倪珍妮　姚志臻　钱宇星

（武汉大学信息管理学院,武汉大学信息资源研究中心）

摘要：［背景］自闭症又称孤独症,属于广泛性发育障碍。饮食干预是重要的自闭症干预措施。自闭症在线社区为自闭症患者或家属提供了信息交流、经验分享的平台,吸引了许多用户参与其中。［目的］本文旨在对自闭症在线健康社区的用户共享内容进行分析,挖掘饮食干预的主题分布、用户干预措施的选择及潜在影响。［方法］首先基于食物关键词表进行初步筛选,然后利用 BERT 对文本进行分类,筛选出饮食干预相关的数据。通过混合的主题模型分析社区在饮食干预方面的主题分布及干预措施的潜在影响。最后基于关键词共现分析对饮食干预进行潜在影响的探究。［结果及结论］在 2017 年至 2019 年期间,自闭症护理者对饮食干预的关注度及讨论量快速增长,各主题间联系紧密。膳食营养补充剂是用户在社区中讨论最多的饮食干预措施。此外,通过饮食-影响网络可以较好地分析不同干预措施对自闭症患者的潜在影响,可以为饮食干预疗法提供来自社交媒体的思考及证据。

关键词：自闭症　在线健康社区　饮食干预　主题模型　机器学习

The Theme Detection and Potential Impact of ASD Diet Intervention in the Online Health Community

Ni Zhenni，Yao Zhizhen，Qian Yuxing

(School of Information Management，Wuhan University
Center for Studies of Information Resources，Wuhan University)

Abstract：［Background］Autism is a generalized developmental disorder. Diet intervention is an important intervention for autism. The autism online community provides a platform for information exchange and experience sharing for autistic patients or their families，attracting many users to participate. ［Objective］This article

---
* 本文系自然科学基金重点国际(地区)合作研究项目"大数据环境下的知识组织与服务创新研究"(项目编号：71420107026)的研究成果之一。

aims to analyze the content shared by users in the autism online health community，explore the theme distribution of diet intervention, the choice of user intervention measures and the potential impact. [Methods] First, perform a preliminary screening based on the food keyword table, and then use BERT to classify the text to filter out the data related to dietary intervention. A mixed theme model is used to analyze the community's theme distribution in dietary interventions and the potential impact of interventions. Finally, based on the keyword co-occurrence analysis, the potential impact of dietary intervention is explored. [Results and Conclusions] From 2017 to 2019, the attention and discussion volume of diet intervention by autistic caregivers increased rapidly, and the themes were closely connected. Dietary supplements are the most discussed dietary interventions among users in the community. In addition, the diet-influence network can better analyze the potential impact of different interventions on patients with autism, and can provide thoughts and evidence from social media for diet intervention therapy.

Keywords：autism, online health community, diet intervention, topic model, machine learning

0　引言

在线健康社区（online health communities，OHCs）是一种用于病情交流及健康知识共享的互动平台,可以为患者提供健康相关的信息支持和情感支持[1]。随着互联网的普及以及用户健康意识的提高,在线健康社区吸引了越来越多的用户参与其中。在线健康社区的用户群体不仅包括患者,还包括患者家属、专业医疗人员等。OHCs 可以将沟通方式从传统的医患沟通扩展到医疗服务生态系统内所有利益相关者之间的在线互动,从而增强患者的自我管理能力[2]。在 OHCs 中,用户之间可以交流信息、分享经验。在面对多种治疗及干预方案时,可以讨论不同的干预措施的效果和感受。在线健康社区为医疗保健组织了解患者面对多种治疗措施时的选择及效果反馈提供了很好的平台,可以为疾病的治疗和干预提供来自用户自我报告的证据及见解,最终实现患者驱动的医疗保健创新。

自闭症谱系障碍（autism spectrum disorders，ASD）是广义上的自闭症,通常开始于童年,早期的干预对于促进 ASD 患者的发育和提高患者生活质量至关重要[3]。在众多干预措施中,饮食干预是 ASD 常见的干预手段[4]。全面的营养可有效改善大多数 ASD 患者的营养状况、非语言思考能力、自闭症症状和其他症状[5]。此外,益生菌[6,7]、Omega-3 脂肪酸[8]等膳食补充剂也被证明对 ASD 的预防及症状改善有积极影响。然而,饮食干预对 ASD 症状的影响仍然存在争议。Sathe 等[4]回顾了 19 项对 ASD 儿童进行饮食干预随机对照试验,并对研究的偏倚风险和证据强度进行评估。其评估结果表明,几乎没有证据支持对 ASD 儿童使用营养补充剂或饮食疗法。Fraguas 等[9]通过荟萃分析评估 ASD 饮食干预措施的疗效,其评估显示了特定饮食干预在 ASD 患者某些症状、功能和临床领域的管理中的潜在作用,但并不支持将非特异性饮食干预作为 ASD 治疗的一种手段。因此,饮食干预措施的安全性和有效性有待进一步研究[6,10]。

在线健康社区为 ASD 护理者提供了一个信息交流、经验分享的在线互动平台。在 OHCs 中,ASD 护理者们可以分享治疗经验,讨论不同的干预措施的效果和感受,并且为其他护理者提供建议和鼓励。通过对 OHCs 中患者自我报告数据的分析,可以为 ASD 饮食干预的研究提供来自社交媒体的见解,对于 ASD 的干预和治疗有着重要的意义。为此,本文利用自闭症在线健康社区中饮食干预相关的用户生成内容,分析 ASD 护理者的讨论主题、干预措施的选择及潜在影响。

1　相关研究

在线健康社区作为一种在线健康互动平台,对于患者参与、社会支持、患者治疗措施的选择、药物副作用、治疗效果等问题的研究有着重要意义。因此基于在线健康社区的研究十分广泛。利用定性或者定量的方法可以挖掘 OHCs 的内容特征、用户特征、行为特征,进而分析疾病的治疗以及医嘱依从性[11,12]、病耻感及社会支持[13-15]、药物滥用及副作用[16-18],实现疾病预测及监测等任务[19,20]。针对不同类型的疾病,OHCs 已为精神健康[21,22]、癌症[23,24]、疫苗[25]等健康问题的研究提供了大量用户自我报告的数据。与此同时,随着 OHCs 的普及,用户生成内容大幅增长,机器学习被广泛应用于 OHCs 中各类健康问题研究。Yin 等[26]系统地审查了将机器学习方法应用于在线用户生成内容并进行个人健康调查的有效性,其研究结果表明机器学习可以有效地应用于在线用户生成内容,并对个人健康情况进行描述和推断。

目前关于自闭症在线社区的研究十分有限,现有研究主要集中于 ASD 社区用户的讨论主题及生活经历分析。Nguyen 等[27]研究发现自闭症社区与其他在线社区相比,在主题、语言风格和情感方面均存在差异。Haney 等[28]通过分析在线社区的用户生成内容,揭示了女性 ASD 患者的生活经历,包括诊断过程、疾病管理、症状理解,以及 ASD 对她们生活的影响。Boursier 等[29]探讨了 ASD 儿童的父母如何使用 ASD 在线社区并分析了社区中的主题分布。很少有研究对 ASD 治疗方案及干预措施的选择和反馈进行讨论。Zhang 等[30]研究了 OHCs 中讨论的治疗方法是否最终会在社区成员的现实生活中使用。该研究基于机器学习的方法,从横向和纵向两个维度识别 ASD 护理人员实际生活中最常采用的治疗方法并分析了不同疗法在时间上被提及的频次变化。目前还没有研究基于 OHCs 数据对自闭症不同饮食干预措施的讨论内容及干预效果进行分析。尽管 Zhang 等人[30]的研究结果涉及部分饮食干预的治疗措施,但仅限于列出用户所采纳的干预措施及频次变化,并没有对讨论内容进行具体分析,ASD 患者或护理者在考虑进行饮食干预时所讨论的主题尚不明确。

针对该问题,本文采用机器学习和内容分析相结合的方法对自闭症在线健康社区进行分析。数据来源是百度贴吧自闭症吧用户的发帖回帖数据。首先,基于关键词和机器学习的方法对数据进行筛选,分为饮食干预相关和非饮食干预相关。然后,通过 BERT+

K-Means、LDA 主题聚类对饮食干预的相关内容进行探索性分析,并比较两种聚类方法在结果内容上的差异。最后通过词频分析统计 ASD 护理者对干预措施的选择,并构建饮食-影响共现矩阵,分析饮食对自闭症可能的影响。

2 方法

本文的数据集来源于"慧源共享"全国高校开放数据创新研究大赛[31]。该数据集包含百度贴吧自闭症吧 2017 年 1 月至 2019 年 5 月期间用户发帖回帖数据,共 8 098 条主题帖、68 576 条用户回帖以及 76 284 条楼中楼数据。由于主题帖的标题较短且作为一楼被包含在用户回帖中,因此本文分析时仅考虑用户回帖数据及楼中楼数据,并未对主题帖进行分析。本文的分析框架如图 1 所示。

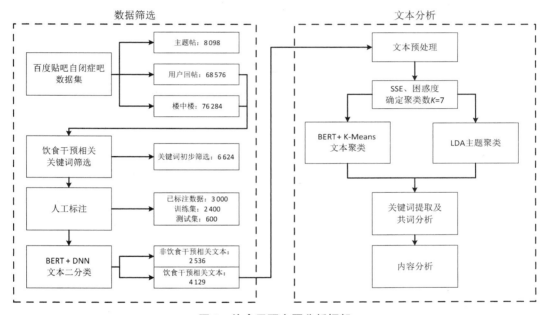

图 1　饮食干预主题分析框架

2.1　数据筛选

饮食干预主要包括禁食和营养补充剂两种思路[32]。禁食方案包括无麸质无酪蛋白(gluten-free and casein-free,GFCF)饮食、生酮饮食(ketogenic diets,KDs)等。营养补充剂包括益生菌、Omega-3 脂肪酸等。通过对不同饮食干预措施的梳理,共确定 139 个相关关键词,包括牛奶、小麦、维生素、椰子油等。基于关键词,对回复帖和楼中楼数据进行筛选,共得到 6 624 条包含饮食相关关键词的数据。

随后人工对其中的 3 000 条数据进行标注,将数据分为饮食干预相关文本以及非饮食干预相关文本。标注完成后,将 80% 的数据作为训练集训练文本分类模型,20% 的数据作为测试集测试模型性能。本文首先利用中文预训练的 BERT 模型提取词向量,然后利用 Keras 构建 DNN 进行模型训练。BERT 是一种语言表示模型,该模型只需要经过一个额外的输出层就可以对预训练的模型进行微调,以创建适用于各种任务的新模型[33]。在本研究中,利用 BERT 提取文档特征,然后接入简单的 DNN 训练文本二分类模型。DNN 模型结构包括输入层、全连接隐藏层、批标化层、输出层。该 DNN 模型对输入的文本进行二分类,词向量的维度为 768,Relu 函数作为激活函数。最终模型在测试集上的准确度达到 0.91。

2.2　文本分析

在文本分析前,首先对用户量及发帖量进行统计,揭示饮食干预相关内容在自闭症贴吧整体讨论中的分布情况。随后进行数据预处理,共五步。第一步,替换同义词,如:"小孩""宝宝""小孩子"统一替换成"小孩"。第二步,使用 Python snownlp 包实现中文繁体转简体,并删除标点符号。第三步,使用 jieba 对文本进行分词,并将饮食干预相关关键词作为用户自定义字典。第四步,去停用词,且只保留长度大于 1 小于 10 的词语。最后,删除预处理后词语数量小于 2 的数据,最终数据集包含 4 088 条文本。

在文本预处理后,对 4 088 条文本进行主题分析。本文采用了 BERT+K-Means 以及 LDA 两种方法进行主题聚类分析,并比较两种方法的聚类效果。K-Means 是应用最为广泛的聚类算法之一,是一种迭代求解的聚类分析算法[34]。本文首先使用 BERT 将文本转化为词向量,然后利用 K-Means 算法将文本聚为若干类。本文根据样本聚类误差平方和确定 K 值,其核心指标为误差平方和(sum of the squared errors,SSE)。SSE 越小表明样本的聚合程度越高。设置主题取值范围为[2, 20],不同主题数下的 SSE 如图 2(a)所示。相比于 BERT+K-Means,LDA 是一种更为经典的主题模型,被广泛应用于不同领域的主题分析。本文将词频分布作为文档特征用于 LDA 的模型训练。困惑度作为主题数 K 的评价指标,困惑度越小说明主题的聚合效果越好。不同主题数下的困惑度如图 2(b)所示。最终确定主题数 K 为 7。

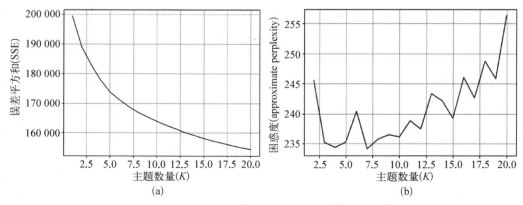

图 2　SSE 及困惑度曲线

词频分析及词共现分析用于分析饮食对自闭症的影响,包括负面影响及干预效果。首先,为方便统计不同类型食物的占比,对分词后的文本进行缩写词替换。例如,将"蛋奶面"及类似关键词替换成"蛋类""乳制品""面食"。缩写词替换后,进行词频统计,并人工筛选出词频大于 8 的饮食及影响相关关键词,包括 161 个饮食关键词以及 88 个影响相关关键词。根据中华人民共和国卫生行业标准 WS/T 464-2015《食物成分数据表达规范》[35],对 161 个饮食关键词进行分类,统计不同类别食物在整体讨论中的占比情况。最后构建饮食-影响关键词共现矩阵,过滤删除共现频次为 6 次以下的共现关系及结点,剩余结点 128 个。利用 VOSviewer 内置聚类算法进行聚类分析,并利用 Gephi 进行可视化。

3 结果

3.1 用户量及发帖量分布

用户量及发帖量分布如图 3 所示。横坐标为时间,纵坐标表示饮食干预相关内容在自闭症贴吧整体讨论中的占比。3 条折现分别表示不同的帖子类型。结点大小表示在当月至少发过一条饮食干预相关帖子的用户在总用户群体中的占比。

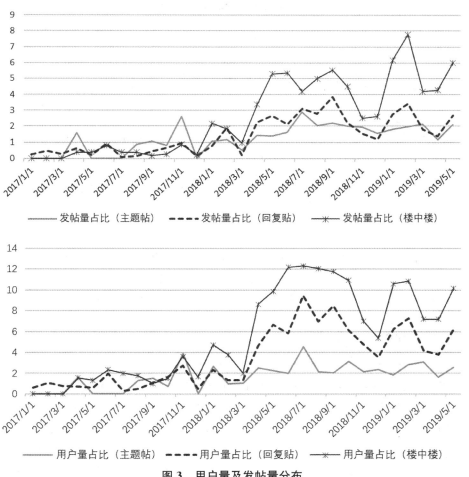

图 3　用户量及发帖量分布

通过用户量及发帖量分布,可以揭示 2017 年至 2019 年期间,饮食干预内容在贴吧整体讨论中的占比及变化情况。如图 3 所示,饮食干预相关内容的讨论热度整体上呈上升趋势。在 2017 年至 2018 年期间相关内容的发帖量占比及用户量占比一直很低,约为 1%。2018 年 1 月,一位贴吧用户发布了一条饮食干预相关的科普主题帖,自此饮食干预的讨论度快速增长,发帖量占比达到 8%,用户量占比达到 12%。

3.2　用户生成内容主题探测

BERT＋K-Means 聚类结果及示例如表 1 所示,共 7 类,包括"症状描述及改善情况""饮食与自闭症的关联及饮食调整建议""膳食营养补充""饮食干预相关问题咨询""禁食效果""食物过敏及耐受检查""食物耐受检查结果及禁食方案"。利用 T-SNE 算法对聚类结果降维可视化如图 4 所示。LDA 的聚类结果及示例如表 2 所示,共 7 类,包括"症状描述及改善情况""饮食与自闭症的关联""乳制品禁食及替代品选择""膳食营养补充""食物过敏及耐受检查""食物耐受检查结果及禁食方案""自闭症成因及禁食效果"。利用 T-SNE算法对聚类结果降维可视化如图 5 所示。

表 1　BERT＋K-Means 聚类结果

编号	主　题	高频关键词	示　例
1	症状描述及改善情况	耐受,我家,牛奶,鸡蛋,过敏,奶粉,禁食,儿子,大便,检查,便秘	"昨天儿子便秘了! 拉到哭都拉不出来,……看来以后不能给他喝牛奶了!……"
2	饮食与自闭症的关联及饮食调整建议	饮食,调整,禁食,情况,现象,发育,效果	"……是不是因为某些食物不耐受造成产生毒素伤害大脑?……"
3	膳食营养补充	维生素,B12,牛奶,酪蛋白,益生菌,叶酸,儿童	"除了补充 B12 和益生菌之外,还有没有必要补充其他的? DHA 和叶酸?"
4	饮食干预相关问题咨询	检查,医院,过敏,禁食,检测,牛奶,我家	"请问食物不耐受,在南京哪家医院查啊?"
5	禁食效果	禁食,检查,过敏,干预,问题,医生,医院	"……我家禁食两天,不知道是不是心理作用,感觉有点改善了。……"
6	食物过敏及耐受检查	过敏原,过敏,IgG,检测,现象,检查	"我孩子 IgG 查出来牛奶弱阳性,是不是牛奶不耐受?"
7	食物耐受检查结果及禁食方案	耐受,鸡蛋,牛奶,禁食,我家,过敏,奶粉,小麦,益生菌,面食	"食物不耐受检查结果出来了!……我先给孩子停一个月,看看对病情有好转没。"

通过比较表 1 与表 2 可知,两个主题模型聚类得到的共同主题包括:"饮食与自闭症的关联""食物过敏及耐受检查""食物耐受检查结果及禁食方案""禁食效果""营养补充剂的选择""症状描述及改善情况"。在各个主题之间,具有较高的语义相似度,一条文本经常同时包括检查结果、禁食方案、禁食效果等多个主题。具体来说,在主题"饮食与自闭症的关联"中,主要包括不耐受食物的摄入对大脑发育的影响,以及讨论自闭症与食物过敏

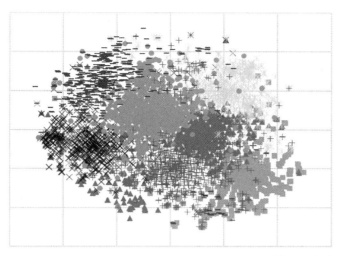

■ Topic #1: 耐受 我家 牛奶 鸡蛋
▲ Topic #2: 饮食 调整 禁食 情况
× Topic #3: 维生素 B12 牛奶 酪蛋白
　 Topic #4: 检查 医院 过敏 禁食
● Topic #5: 禁食 检查 过敏 干预
＋ Topic #6: 过敏原 过敏 IgG 检测
－ Topic #7: 耐受 鸡蛋 牛奶 禁食

图 4　BERT＋K－Means 模型聚类效果散点图

及不耐受的关系。在"食物过敏及耐受检查"主题中,主要包括检查医院、检查项目等相关问题的咨询及建议。"食物耐受检查结果及禁食方案"涉及食物过敏及不耐受检查后得到的检查结果以及相应的禁食方案。"膳食营养补充"涉及补充剂的选择、影响、副作用。在效果方面,包括"禁食效果"以及"症状描述及改善情况"两个主题。"禁食效果"主要讨论禁食或特定饮食疗法是否有效,"症状描述及改善情况"侧重于对患儿具体健康状况的描述,如情绪、排便、睡眠等问题,以及在饮食干预前后的情况比较。

表 2　LDA 聚类结果

编号	主　题	高频关键词	示　例
1	症状描述及改善情况	喜欢,便秘,大便,正常,感觉,玉米,大米,米饭,挑食,睡眠	"脾气暴躁,晚上入睡困难,通过忌以上三种食物,入睡容易了。"
2	饮食与自闭症的关联	儿童,症状,饮食,大脑,治疗,影响,导致,发育	"长期摄入不耐受的食物的话,会对大脑的发育产生影响吗?"
3	乳制品禁食及替代品选择	奶粉,酪蛋白,牛奶,氨基酸,蛋白质,羊奶,水解,乳制品	"喝氨基酸奶粉或者深度水解奶粉,主要是奶粉蛋白质吸收不了啊。"
4	膳食营养补充	维生素,B12,益生菌,叶酸,补充剂	"我也在了解这方面情况,是维生素 B6 主要起作用,镁是减少服用 B6 的副作用。"
5	食物过敏及耐受检查	耐受,过敏原,检查,过敏,IgG,检测,医院	"麻烦问下,北京在哪个医院可以查食物不耐受?"
6	食物耐受检查结果及禁食方案	鸡蛋,牛奶,耐受,过敏,禁食,小麦,儿子,检查	"……我家的不耐受检查结果发一下。我儿子干预加禁食奶粉和面一个月,进步真的非常大。……"
7	自闭症成因及禁食效果	饮食,效果,现象,干预,调整,禁食,基因,迟缓,疫苗	"不耐受50以上的食物禁食一段时间,三个月左右,多陪孩子出去玩,电视手机停了,试试看。我家孩子禁食效果很好。"

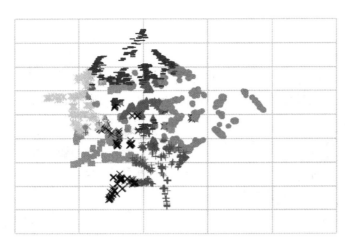

图 5　LDA 聚类效果散点图

除共同主题外,两个模型的聚类结果也有不同之处。由于数据集限定为饮食干预相关,主题较为集中,因此子主题间的语义相似度较高。在这种情况下,BERT＋K-Means模型不仅捕获到文本的内容特征,还捕获到更深层次的语义特征。在"饮食与自闭症的关联及饮食调整建议"主题中大部分内容是建议类文本,在"饮食干预相关问题咨询"主题中,主要为用户咨询类文本。LDA 模型以词频作为文本特征,缺乏上下文的语义特征。主题"乳制品禁食及替代品选择"主要包括乳制品不耐受及不良反应、禁食效果以及可行的替代方案,该主题实际上属于"食物耐受检查结果及禁食方案"。总体来说,两个模型的聚类结果大体相似,BERT＋K-Means 模型可以很好地捕捉文本的语义特征,但在主题较为集中、各子主题间的语义相似度较高时,LDA 的可解释性更强。

3.3　饮食干预的影响分析

统计词频大于 7 的食物关键词,并根据食品成分进行归类,随后统计不同类别食物的占比。食物关键词词频及类别占比统计如表 3 所示,通过食物成分的词频分布可以在一定程度上揭示 ASD 护理者在饮食干预措施方面的选择倾向。膳食补充剂在饮食干预相关的讨论中占比最高(20.98%),相关高频关键词包括益生菌、维生素、B12、叶酸。其次,乳类及其制品(18.28%),蛋类及其制品(11.65%),薯类、淀粉及其制品(9.40%),谷类及其制品(9.34%)在饮食讨论中都占有较高比例。

表 3　食物关键词词频及类别占比统计

食　物　类　别	占比(%)	关键词(词频)
谷类及其制品	9.34	小麦(247),大米(234),玉米(117),小米(77)
薯类、淀粉及其制品	9.40	面食(639),面粉(73),土豆(52),淀粉(32)
干豆类及其制品	3.34	大豆(2),豆类(32),黄豆(31),豆制品(26)
蔬菜类及其制品	3.63	西红柿(117),蔬菜(116),青菜(28),胡萝卜(23)

（续表）

食 物 类 别	占比(%)	关键词（词频）
菌藻类	0.98	海藻(26),海带(21),蘑菇(12),木耳(11),
水果类及其制品	6.60	水果(190),橘子(82),水杨酸(79),香蕉(64)
坚果种子类	0.58	坚果(24),花生(12),核桃(12),杏仁(9)
畜肉类及其制品	1.33	牛肉(51),肉类(23),猪肉(22),羊肉(18)
禽肉类及其制品	0.31	鸡肉(30)
乳类及其制品	18.28	乳制品(724),牛奶(646),酪蛋白(165),酸奶(83)
蛋类及其制品	11.65	鸡蛋(614),蛋类(397),蛋白(63),蛋黄(55)
水产类	1.54	鳕鱼(33),海鱼(33),鳗鱼(16),深海鱼(16)
特殊膳食用食品（婴幼儿配方奶粉）	5.58	奶粉(452),母乳(88),羊奶粉(9)
特殊膳食用食品（婴幼儿辅食）	1.34	面条(86),饼干(30),米粉(16)
特殊膳食用食品（膳食补充剂）	20.98	益生菌(384),维生素(357),B12(344),叶酸(205)
休闲食品	1.59	零食(68),蛋糕(37),巧克力(18),糖果(13)
油脂类	2.16	椰子油(107),MCT(39),鱼油(30),脂肪(10)
调味品类	1.38	酱油(29),果糖(28),蔗糖(26),糖类(21)

此外,通过对文本分析发现,对于特定饮食策略的提及频次较低,如无麸质无酪蛋白饮食(10)、生酮饮食(20)、特殊碳水化合物饮食(9)。ASD 护理者更倾向于讨论具体食物或成分的干预措施,如牛奶(646)、面食(639)、鸡蛋(614)、椰子油(107)。为此,本文基于高频食物关键词及影响关键词,构建饮食-影响共现矩阵,探索特定食物及成分与症状及效果可能的关系。饮食-影响共现网络如图 6 所示。饮食影响及效果可以体现在不同方面,如情绪、行为、排便、睡眠等。进而构成食物-效果二元组,如（牛奶,兴奋)、(奶粉,腹泻)、(酸奶,便秘)、(B12,副作用)、(微量元素,发育),以及组合后的二元组(蛋奶面,指物/情绪/刻板)、(鸡蛋/小麦,眼神)。该实验结果表明,词频及共现分析可以用于探索特定食物及成分与症状及效果可能的关系,并且具有较好的效果。

4　讨论

在 2017 年至 2019 年期间,ASD 护理者对饮食干预的关注度及讨论量快速增长。通过主题模型对 ASD 在线健康社区中的用户生成内容进行聚类分析。自闭症在线健康社区在饮食干预方面的讨论主题主要包括:"饮食与自闭症的关联""食物过敏及耐受检查""食物耐受检查结果及禁食方案""禁食效果""营养补充剂的选择""症状描述及改善情况"。各主题之间具有较高的连贯性和语义相似度。此外,本文对比了 BERT＋K-Means 与 LDA 的聚类效果。在实际应用中,聚类算法应依据研究数据的统计学特征及语义特

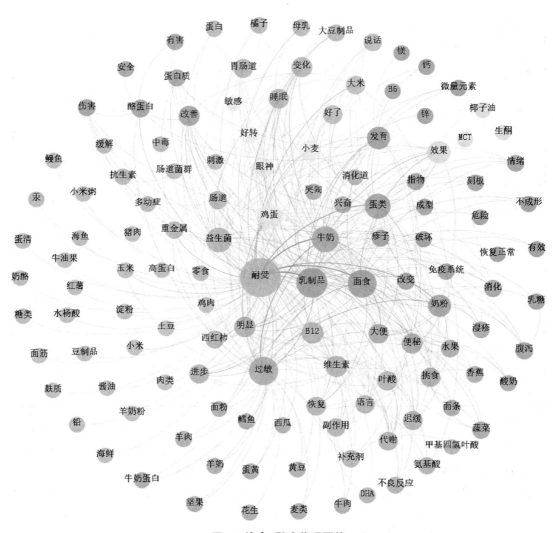

图6　饮食-影响共现网络

征进行选择。在统计学特征方面,本文采用的研究数据的平均文本长度为52,文本长度最大值为273,属于中长文本,因此在BERT+K-Means以及LDA两个算法上都取得了较好的结果。相较于LDA,BERT+K-Means基于词向量进行聚类,更适用于短文本情境,即可以挖掘短语背后的语义信息。在语义特征方面,当研究数据的主题高度集中、词向量区分度较低时,BERT+K-Means的聚类效果较差。本文研究主题为自闭症饮食干预疗法,涉及的词语与自闭症症状及日常饮食有密切联系,相比于BERT+K-Means,LDA在对主题高度集中的文本进行聚类时,可解释性较强。

通过词频统计及共现网络,本文分析了ASD社区中用户饮食干预措施的选择倾向,并进一步对OHCs中潜在的饮食-影响进行分析。占比最高饮食干预措施是膳食营养补充剂,包括益生菌、维生素等。在禁食方案的选择中,蛋类、乳制品、淀粉及其制品具有最高的讨论度。通过饮食对自闭症的潜在影响分析发现,与睡眠状况相关性最高的食物及成分包括大豆制品、母乳、橘子，与 ASD 患儿眼神关系较为密切的食物包括鸡蛋及小麦，与情绪最相关的食物为牛奶，微量元素如锌、镁、钙与儿童发育相关，蛋奶面与患儿排便情况、指物、刻板行为可能有着较为密切的联系。

该研究具有一定的局限性。首先，本文仅局限于饮食干预措施，没有对其他疗法，如行为干预进行分析。此外，本文对于主题及效果的分析是一项横截面研究，并没有考虑纵向的时间变化。通过主题演化分析，可以探究饮食干预措施的多样性变化以及不同饮食策略的热度变化。通过持续跟踪 ASD 护理者的生成内容，可以从时间维度更好地分析不同饮食策略的干预效果。未来的研究可以在考虑时间维度的基础上，分析和比较不同疗法的用户接受度以及长期效果。

5 结论

本文采用机器学习和内容分析相结合的方法对自闭症在线健康社区进行分析。首先，基于机器学习的方法对数据进行筛选。然后，利用主题模型对饮食干预的相关内容进行探索性分析，并比较不同聚类方法在结果内容上的差异。最后构建饮食-影响共现网络，分析特定饮食摄入对于自闭症不同方面的潜在影响。本研究通过对 ASD 在线社区用户生成内容的挖掘，揭示了饮食干预在自闭症在线健康社区中发帖量、用户量随时间的变化情况，以及饮食干预相关内容的主题分布。此外，本文揭示了不同类型食物成分在用户讨论中的分布情况及对 ASD 患者情绪、排便等不同方面潜在的影响，为饮食干预疗法提供来自社交媒体的思考及证据。

参考文献

[1] Atanasova S，Kamin T，Petric G. The benefits and challenges of online professional-patient interaction：Comparing views between users and health professional moderators in an online health community[J]. *Comput Hum Behav*，2018，83 (10)：6-18.

[2] Aghdam A R，Watson J，Cliff C，et al. Improving the theoretical understanding toward patient-driven health care innovation through online value cocreation：Systematic review[J]. *J Med Internet Res*，2020，22(4)：14.

[3] Fuller E A，Kaiser A P. The effects of early intervention on social communication outcomes for children with autism spectrum disorder：A meta-analysis[J]. *J Autism Dev Disord*，2020，50(5)：1683-1700.

[4] Sathe N，Andrews J C，McPheeters M L，et al. Nutritional and dietary interventions for autism spectrum disorder：A systematic review[J]. *Pediatrics*，2017，139(6)：8.

[5] Adams J B，Audhya T，Geis E，et al. Comprehensive nutritional and dietary intervention for autism spectrum disorder — A randomized，controlled 12-month

trial[J]. *Nutrients*，2018，10(3)：43.

[6] Doenyas C. Dietary interventions for autism spectrum disorder：New perspectives from the gut-brain axis[J]. *Physiol Behav*，2018，194(5)：77-82.

[7] Sivamaruthi B S, Suganthy N, Kesika P, et al. The role of microbiome, dietary supplements, and probiotics in autism spectrum disorder[J]. *Int J Environ Res Public Health*，2020，17(8)：16.

[8] Cardoso C, Afonso C, Bandarra N M. Dietary DHA, bioaccessibility, and neurobehavioral development in children[J]. *Crit Rev Food Sci Nutr*，2018，58(15)：2617-2631.

[9] Fraguas D, Diaz-Caneja C M, Pina-Camacho L, et al. Dietary interventions for autism spectrum disorder：A meta-analysis[J]. *Pediatrics*，2019，144(5)：14.

[10] Nogay N H, Nahikian-Nelms M. Can we reduce autism-related gastrointestinal and behavior problems by gut microbiota based dietary modulation? A review[J]. *Nutr Neurosci*，2021，24(5)：327-338.

[11] Lu X Y, Zhang R T. Impact of physician-patient communication in online health communities on patient compliance：Cross-sectional questionnaire study[J]. *J Med Internet Res*，2019，21(5)：17.

[12] Willis E. Applying the health belief model to medication adherence：The role of online health communities and peer reviews[J]. *J Health Commun*，2018，23(8)：743-750.

[13] Dudina V, Tsareva A. Studying stigmatization and status disclosure among people living with HIV/AIDS in Russia through online health communities[M]// Bodrunova S S. *Internet Science*. Cham：Springer International Publishing Ag. 2018：15-24.

[14] Chancellor S, Hu A, De Choudhury M, et al. *Norms Matter: Contrasting Social Support Around Behavior Change in Online Weight Loss Communities*[M]. New York：Assoc Computing Machinery，2018.

[15] Park A, Conway M. Longitudinal changes in psychological states in online health community members：Understanding the long-term effects of participating in an online depression community[J]. *J Med Internet Res*，2017，19(3)：e71.

[16] Lea T, Amada N, Jungaberle H. Psychedelic microdosing：A subreddit analysis [J]. *J Psychoact Drugs*，2020，52(2)：101-112.

[17] Sarker A, Deroos A, Perrone J. Mining social media for prescription medication abuse monitoring：A review and proposal for a data-centric framework[J]. *Journal of the American Medical Informatics Association*，2020，27(2)：315-329.

[18] Li S, Yu C H, Wang Y C, et al. Exploring adverse drug reactions of diabetes medicine using social media analytics and interactive visualizations[J]. *Int J Inf*

Manage，2019，48：228-237.

[19] Rezaii N，Walker E，Wolff P. A machine learning approach to predicting psychosis using semantic density and latent content analysis[J]. *Npj Schizophr*，2019，5(1)：9.

[20] Aladag A E，Muderrisoglu S，Akbas N B，et al. Detecting suicidal ideation on forums：Proof-of-concept study[J]. *J Med Internet Res*，2018，20(6)：10.

[21] Moessner M，Feldhege J，Wolf M，et al. Analyzing big data in social media：Text and network analyses of an eating disorder forum[J]. *International Journal of Eating Disorders*，2018，51(7)：656-667.

[22] Sowles S J，McLeary M，Optican A，et al. A content analysis of an online pro-eating disorder community on Reddit[J]. *Body Image*，2018，24：137-144.

[23] Kaal S E，Husson O，Van Dartel F，et al. Online support community for adolescents and young adults（AYAs）with cancer：User statistics，evaluation，and content analysis[J]. *Patient Prefer Adherence*，2018，12：2615-2622.

[24] Verberne S，Batenburg A，Sanders R，et al. Analyzing empowerment processes among cancer patients in an online community：A text mining approach[J]. *JMIR Cancer*，2019，5(1)：13.

[25] Lama Y，Hu D，Jamison A，et al. Characterizing trends in human papillomavirus vaccine discourse on Reddit（2007-2015）：An observational study[J]. *JMIR Public Health Surveill*，2019，5(1)：221-333.

[26] Yin Z，Sulieman L M，Malin B A. A systematic literature review of machine learning in online personal health data[J]. *Journal of the American Medical Informatics Association*，2019，26(6)：561-576.

[27] Nguyen T，Duong T，Venkatesh S，et al. Autism blogs：Expressed emotion，language styles and concerns in personal and community settings[J]. *IEEE Trans Affect Comput*，2015，6(3)：312-323.

[28] Haney J L，Cullen J A. Learning about the lived experiences of women with autism from an online community[J]. *J Soc Work Disabil Rehabil*，2017，16(1)：54-73.

[29] Boursier V，Gioia F，Coppola F，et al. Digital storytellers：Parents facing with children's autism in an Italian web forum[J]. *Mediterr J Clin Psychol*，2019，7(3)：22.

[30] Zhang S D，Kang T，Qiu L，et al. *Cataloguing Treatments Discussed and Used in Online Autism Communities*[M]. New York：Assoc Computing Machinery，2017.

[31] 华东师范大学调查与数据中心.百度贴吧自闭症吧用户发帖回帖数据集（2017—2019）.http：//hdl.handle.net/20.500.12291/10222 V1[Version].

[32] Tas A A. Dietary strategies in Autism Spectrum Disorder（ASD）[J]. *Prog Nutr*，

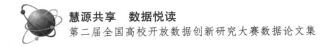

2018，20(4)：554-562.

[33] Devlin J，Chang M-W，Lee K，et al. BERT：Pre-training of deep bidirectional transformers for language understanding[J]. *Proceedings of the 2019 Conference of the NAACL*，2019：4171-4186.

[34] Krishna K，Murty M N. Genetic K-means algorithm[J]. *IEEE Transactions on Systems*，*Man*，*and Cybernetics*，*Part B*（*Cybernetics*），1999，29(3)：433-439.

[35] 中华人民共和国卫生行业标准 WS/T 464—2015 食物成分数据表达规范[S].2015，http://www.chinacdc.cn/jkzt/yyhspws/xzdc/201707/P020170721479798369359.pdf.

作者介绍和贡献说明

倪珍妮：武汉大学信息管理学院，博士研究生。主要贡献：论文数据处理及分析，论文初稿撰写。

姚志臻：武汉大学信息管理学院，博士研究生。主要贡献：论文撰写及修改。E-mail：yaozhizhen@whu.edu.cn。

钱宇星：武汉大学信息管理学院，博士研究生。主要贡献：论文思路及框架构建。

基于树方法的百度自闭症吧
信息提取方案

黄永晟　聂秀雯　朱　悦

（复旦大学）

摘要：本研究基于树方法的自动化与半自动化信息筛选整合技术，综合运用简化版的德尔菲法（意见聚合法），以及决策树、随机森林、梯度提升决策树一系列树模型，筛选出自闭症吧中对自闭症人群具有指导性意义的资讯与建议，建立"有效问题"和"优质回答"两个问答系统，使自闭症吧充分发挥自助助人功能；进一步运用算法对数据进行情感分类，结合筛选出的问答信息集呈现出自闭症家庭的客观现状与自闭症人群关注的 20 个热点问题。从这些热点问题中，我们发现当今中国自闭症家庭的生态环境与家长的生存状态不容乐观，需要进一步开拓中国自闭症的本土化研究。

关键词：树方法　机器学习　问答系统　自闭症　情感分类

An Information Extraction Scheme of Baidu
Autism Bar Based on Tree Model

Huang Yongsheng，Nie Xiuwen，Zhu Yue

（Fudan University）

Abstract：The research is based on the tree method of semi-automatic and automatic information screening integration technology. A series of models，such as simplified opinion aggregation method，decision tree，random forest and gradient lifting decision tree，are comprehensively used. In the autism bar to screen out the autistic crowd with guiding significance of advice and consultation，make autistic bar give full play to self help and help others，we establish two question answering systems of "effective question" and "high quality answer". Furthermore，the algorithm is used to classify the data. Combined with the selected question and answer information set，it shows the objective status of autistic families and 20 hot issues of autistic people. These issues indicate that the ecological environment of autistic families and the living conditions of their parents are not optimistic. So it is necessary to further explore the

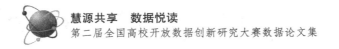
localization research in China.

Keywords：tree model，machine learning，question-answering system，infantile autism，sentiment classification

0　引言

目前,自闭症的研究主要集中在自闭症的理论研究、自闭症研究的临床诊断与干预、自闭症早期诊断及特殊教育等领域,而关于自闭症家庭及儿童的需求研究较少。所进行的关于自闭症群体需求研究主要采用问卷调查法及访谈法,如《71 例自闭症儿童的家庭需求及发展支持调查》[1]发现家庭的主要需求在于经济需求、孩子的交往需求及对专业康复机构与专业人士的需求。《重庆市康复机构中自闭症儿童家长需求的研究》[2]发现了自闭症儿童家长对专业人士、政府部门、社会团体、康复机构与老师有迫切需求。这类研究主要聚焦于已确诊自闭症的儿童或是自闭症康复机构的儿童,对自闭症边缘人群(疑似自闭症或贫困地区的自闭症群体)的关照不够。

与我们的研究较为接近的研究有《基于关键词共词分析的我国自闭症热点研究》[3],这篇研究采用关键词共词分析、聚类分析和多维尺度分析等方法对我国 10 多年自闭症的研究领域及研究热点进行了大数据挖掘,呈现了自闭症研究的关键词聚类图及自闭症研究热点的知识图谱。这为我们的研究提供了方向与借鉴。

在信息化时代的背景下,有关孤独症(自闭症)的信息基本上是通过网络传播的,自闭症家长对信息的获取和利用直接关系到自闭症患者和家庭的发展,但由于现在还没有权威的筛选系统,网络上各种自闭症信息真假难辨,因此家长获取有效资讯的过程受到阻碍[4]。百度贴吧作为一个重要的自闭症交流平台,对于自闭症人群来说具有很大的信息获取和资源利用的价值。我们通过研究百度贴吧这一社交舆论信息,与《基于关键词共词分析的我国自闭症热点研究》[3]所研究的学界热点相互映衬,起到互补的作用。

由此我们将数据处理工作指向信息筛选,目的在于通过挖掘赛题提供的百度自闭症贴吧用户发帖回帖数据集,筛选出对自闭症患者及家属具有指导性意义的资讯与建议,建立"有效问题"和"优质回答"两个信息库,让贴吧平台充分发挥自闭症人群自助助人的功能。

鉴于贴吧数据信息庞大,用户的发言格式、内容和语气均没有限制,我们提出了基于树方法的自动化与半自动化信息筛选整合的技术,筛选出了 6 000 条有效问题和 8 000 条优质回答,筛选出来的数据既可以作为信息库迎合自闭症人群获取有效信息的迫切需求,同时数据也直观反映出当今自闭症家庭的基本需求和客观现状。

1　研究背景

在社会学进入基于机器学习研究范式的大背景下[5],我们既要利用数据挖掘方法展现学科交叉的魅力,又要研究合适的科学方法呈现出坚定的人文关怀与理论关照。基于以上的学科交叉新范式的基本框架,我们综合运用简化版的德尔菲法(意见聚合法)、决策树、随机森林、梯度提升决策树一系列树模型,情感分类的简单算法,实现对于百度贴吧自闭症吧的数据全方位的挖掘。本文同时展现了贴吧及其他类型论坛的聊天话题与热点,重点关注自闭症相关的包括患者家长、特教老师与患者这一群体的社会需求与客观现状。我们也提出了一类网上论坛信息整合的基本方法,并提出基于树方法的自动化与半自动化信息筛选整合的技术。

德尔菲法[6]又名专家意见征询法,通常指被征询的专家匿名回答问卷,通过多轮次调查专家对问题的看法,经过反复征询、归纳、修改,最后汇总,作为预测的结果。为更多了解自闭症吧的讨论话题,我们首先利用人工对潜在的合适贴吧主题与贴吧回答进行筛选与标注。小组成员各自标注数据,形成初步标准,经过反复商讨与修改,决定最后的标准准则与示例,最后由小组成员共同完成数据的标注任务。

经典的树方法[7]包括决策树算法、随机森林算法、梯度提升决策树算法。树方法易于理解,处理简单,可解释性较强,是一类较受欢迎的算法,集成方法拟合性较好,可以实现对特征的排序,有助于我们进一步了解数据。我们从决策树开始逐渐探索集成方法在本数据集的效果,通过随机拆分训练集与测试集的方法,重复试验,计算算法的平均准确率,对混淆矩阵进行分析,选定最终的自动化筛选数据的算法,并对数据集进行自动化分类。

情感分析是文本挖掘领域的经典问题,通常指对一句话、一段话、一篇文章进行褒义贬义、正向负向的情感色彩判断,以确定文本的情感倾向。我们采用经典的基于情感词典的方法,进行文本处理抽取情感词,计算该主题、帖子的情感倾向。利用情感分类结果结合关键词提取法,分类情感关键词,制作情感词词云。

综上,我们提出了百度贴吧自闭症吧信息整合与挖掘的框架,示意图见图1。

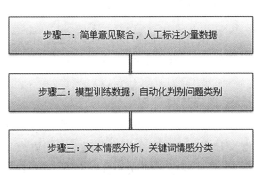

图1　百度贴吧自闭症吧研究框架图

2　数据来源

在本次研究中我们所使用的数据来自慧源科学数据平台①中的百度贴吧自闭症吧用户发帖回帖数据集(2017—2019)[8],由华东师范大学调查与数据中心制作,该数据集含thread(主题)、post(帖子回复)和lzl(楼中楼)3个表。本次研究我们使用了thread表及post表,涉及数据76 674条。

---

①　http://data.huiyuan.sh.edu.cn/data/

3　方法

3.1　意见聚合与数据标注

我们以标注主题表数据为例,详细阐述人工标注数据中的科学研究方法。观察主题表,我们发现主题吧贴吧的主题热度层次分明,问题的质量也有差别。如有一条帖子主题为"找无锡按摩老师",回复量为 0。经过分析,该帖子与自闭症关系不紧密。因此,我们有必要对数据集帖子主题进行筛选过滤。帖子主题若是好的问题,则定义为 1,否则定义为 0,我们希望类似"找无锡按摩老师"的帖子会被过滤。

步骤一:小组成员对前 200 行数据进行二分类(匿名确定问题答案),由一位成员统计结果。进而小组成员征询意见,归纳、修改,最后汇总数据标注的规律(见表 1)。

表 1　主题表数据标注标准汇总

主题表数据标注规则	标注为好问题的索引举例
含疑问字符,如"什么""吗""?""怎样""是不是""请问""有没有"等	16-18-20-25-34-42-54-60-62 等
内容为广告宣传、调查、建议或经验分享的内容	6-12-22-29-37-41-56-57-61 等
陈述个人问题、困境或陈述求助意愿,无疑问字符的陈述句	9-10-30-31-36-86-93 等

步骤二:根据数据标注的规则,我们对 1 000 条数据进行 0/1 分类标注。人工标注数据集的大小综合考虑了人工标注成本、10 倍法则以及训练集正负样本的平衡性。

3.2　特征提取的两种模式

自然语言处理问题常见的特征提取方法有基于统计量的方法,如 TF-IDF、互信息、交叉熵等;基于词向量的方法,如词袋模型(BOW)、词嵌入模型 Word2Vec 等[9]。我们采用了基于头部关键词的独热编码词向量法与基于数据标注关键词的独热编码词向量法。其中,基于头部关键词的独热编码词向量法提取词频最高的 200 个关键词作为特征集,该方法自动化程度较高,但是模型中特征的解释性较差,模型训练时间复杂度较高。基于数据标注关键词的独热编码词向量法将综合数据标注各规则与关键词信息得出特征集,主题表的特征集见表 2。它的优势是特征数目较少,模型训练准确率较高,可解释性较强。

表 2　主题表基于数据标注关键词的独热编码词向量法特征集

主题表数据标注规则	对　应　特　征　集
规则一:含疑问字符	为什么,有没有,如何,是不是,怎么,请问,看看,?,是否,吗,么,哪
规则二:内容为广告宣传、调查、建议或经验分享的内容	自闭症,孩子,宝宝,儿童,家长,机构,干预,自闭,康复,训练

（续表）

主题表数据标注规则	对 应 特 征 集
规则三：陈述个人问题、困境或陈述求助意愿，无疑问字符的陈述句	分享，帮忙，交流，希望，大神，求助，推荐，需要，特教，帮助，培训，专家，康复中心，免费，公益，讲座，建议，咨询
其他	帖子回复数、主题长度等

3.3　基于树方法的模型分类

以下 3.3.1～3.3.3 的树模型对于主题表好问题与帖子表好回答的筛选是同样适用的，我们以主题表好问题的筛选 0/1 分类为例，对模型进行阐释。

3.3.1　决策树模型

决策树算法（decision tree）[10]，下文简称 DT，是一种树状结构，根据数据样本测试样本子集的划分方式，以一定的方式选择每个结点的属性，寻求能对更多的样本进行准确的预测。通常的划分属性的准则有信息熵、信息增益、Gini 系数等，我们采用 Gini 系数为标准。在实验中，我们将用以上两种特征提取模式、树的深度等核心指标对 DT 模型进行评价。

图 2 是自闭症吧主题表格 DT 模型的可视化图，解读如下。根结点为"自闭≤0.5"，首先判断数据行是否含有自闭词语（≤0.5 指不含有该词汇），并将数据行扔到左子树或右子树中去，递归地重复以上步骤，直到叶子结点。例如"自闭＝1，长度＝3，？＝0"的数据行对应的特征集将被分入最左边的桶中。DT 的预测遵循民主原则，即少数服从多数，该桶中类别 0 的样本有 58 个，类别 1 的样本有 12 个，所以该数据行被预测为 0，即这个帖子主题不是一个好问题。

3.3.2　随机森林模型

随机森林算法（random forest）[11]，下文简称 RF，是一种基于分类树的集成算法。RF 是 Bagging 的代表，具有并行性的优势，对大规模数据集尤为适用。Bagging 的基本思想是将原数据集利用自主采样法（bootstraping）生成新的训练集，未出现的样本作为包外数据对算法做检验。RF 在 DT 的训练过程中加入了随机属性的选择，这样 RF 学习的每一棵 DT 多样性不仅来自样本的扰动，还来自属性的扰动。

集成方法的一大特点就是可以较为精确地刻画属性/特征重要性。理解特征重要性的关键就是：DT 的结点属性就是当前样本不纯度下降最快的属性。一个属性对于分类问题越关键，那么它将出现在 RF 中的大量 DT 中，使样本不纯度在大量 DT 中显著下降。我们给出一个不纯度指标 Gini 指标的定义：

$$\text{Gini} = \sum_{x \in X} p(x)[1 - p(x)]。$$

图 3 是自闭症吧主题表格 RF 模型的特征重要性条形图。观察可知，主题字数、回复数量、关键词"自闭"、关键标点"?"与关键词"儿童"是前 5 重要的特征。字数较多的主题越可能是一个具体的问题（好问题），回复数量的多少和问题的好坏正相关性是明显的，

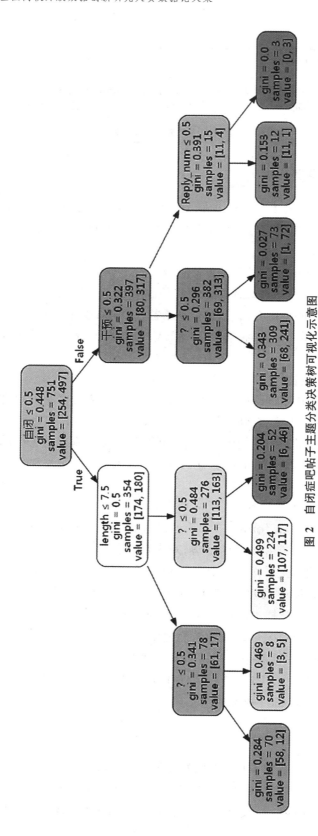

图 2　自闭症吧帖子主题分类决策树可视化示意图

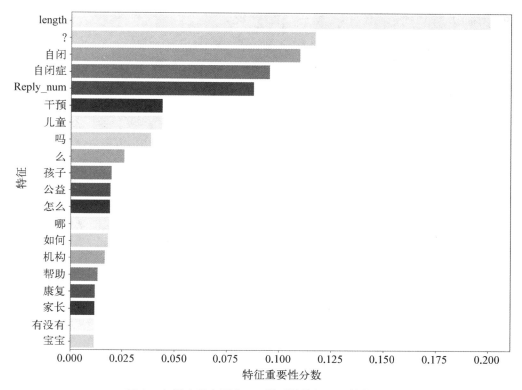

图 3　自闭症吧主题表 RF 模型的特征重要性条形图

"自闭"是点名一个帖子的话题的关键词,"?"是问句的典型特征,"儿童"点名了这个帖子的关注对象容易引起大家讨论。通过对以上特征重要性分析,我们发现直觉和主题标注规则与模型的特征重要性分析图是一致的。

3.3.3　梯度提升决策树模型

梯度提升决策树(gradient boosting decision tree)[12],下文简称 GBDT,是一种基于分类树的集成算法。RF 是 Boosting 的代表,它是一种迭代的 DT1 算法,具体思想是每次建立的模型(新的 DT)是在之前建立的模型(多棵 DT 加和)的损失函数的梯度下降方向。在二分类问题汇总中,损失函数是交叉熵,单样本(x_i, y_i)的损失函数如下,因此是可导的。

$$\mathrm{loss}(x_i, y_i) = -y_i \ln y_i - (1-y_i)\ln(1-y_i)。$$

GBDT 可以有效地防止过拟合,但是算法是一个串行过程,不好并行化,而且计算复杂度高,因此控制 feature 的个数尤为关键。

图 4 是自闭症吧主题表格 GBDT 模型的特征重要性条形图。观察可知,主题字数、回复数量、关键词"自闭"、关键标点"?"与关键词"儿童"是前 5 重要的特征。通过对以上特征重要性分析,我们发现 GBDT 的特征重要性图与 RF 的特征重要性分析图在前 5 个特征的选择上是一致的(排序有所区别),通过交叉验证体现了两个集成算法的稳定性。

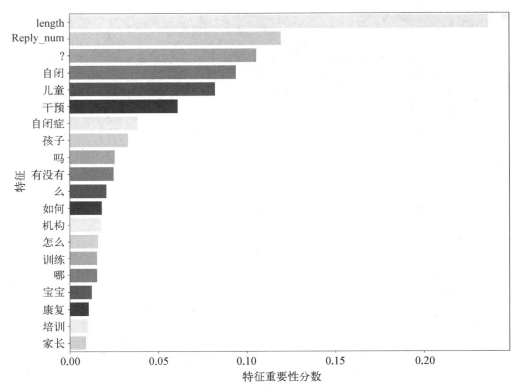

图 4　自闭症吧主题表 GBDT 模型的特征重要性条形图

3.4　情感分类

情感分析(sentiment analysis)有基于情感词、基于机器学习、基于深度学习的积累主流方法。2012 年由温州大学的郭文斌等人开展的基于关键词的我国自闭症热点研究通过检索和分析文献解析了当时的研究热点和走向[3]。百度自闭症吧的发言内容不同于专业领域研究,发言格式、内容和语气均没有限制,且不具有引导性,能真实地反映出参与者的内心想法。我们在此对百度自闭症吧内自闭症亲历者及其近亲的叙述文字做关键词情感分析,能更加从实际体验的角度将自闭症家庭的情况可视化展现出来,该情感分类结果有望帮助特殊教育、残疾人管理、医学等专业领域深入理解自闭症家庭的现状与需求。以下简述情感分析(情感词云构建)的基本流程。

3.4.1　文本情感学习

首先,建构情感词典、词典源网络、正面类词汇(positive)、负面类词汇(negative)。其次,寻找情感词典与文本分词结果的交集,作为情感分析依据。我们对每条文本计算情感得分,规则是:设定 positive 的词＋1,negative 的词－1,同时我们通过否定词表"not.csv"识别上下文的否定词,处理了一些双重否定的特定语法。最后我们依据情感得分对每个文本进行情感正面或是负面标注。

3.4.2　情感关键词词云

我们通过 5 个步骤对主题表和帖子表进行了分词和词频统计,制作出带有正面情感的关键词词云和带有负面情感的关键词词云作为可视化图示,分别从正/负面词频统计中分析用户的情感导向[14],同时结合已有的自闭症相关研究挖掘自闭症吧参与者的主要诉求。具体步骤如下:

(1)预处理。将问题文本(主题表的主题列)与回答文本(帖子表的内容列)合并,去除文本中的英文字母、数字。

(2)文本分词。使用 jieba① 库作为分词工具进行分词和词性标注,并删除标点。为了防止量词、副词、语气词等无意义词覆盖关键信息,使用停用词表以删除停用词,同时定位每一个词,为分析词语情感做准备。

(3)关键词词云。使用 WordCloud② 库作为词云制作工具,绘制包含前 100 个关键词的词云图(见图 5)。

(4)情感词词云。根据已标注好的文本情感分析结果,选择标注为正面情感的文本绘制正面情感词词云,选择标注为负面情感的文本绘制负面情感词词云(见图 6、图 7)。

图 5　最高频的 100 个关键词词云

图 6　最高频的 100 个正面情感词词云

图 7　最高频的 100 个负面情感词词云

(5)词频统计。读取关键词词表,统计每个词语出现次数,输出前 100 个关键词词频表(全体分词词频 wordcount.csv、正面情感词词频 wordcount_pos.csv、负面情感词词频 wordcount_neg.csv)。③

4　实验及结果

实验从五方面展开:(1)特征提取的两种模式的效果比较;(2)RF 和 GBDT 模型训

---

① https://pypi.python.org/pypi/jieba/
② https://pypi.org/project/wordcloud/
③ 该部分由 EmotionalAnalysis.py 完成。

练的参数；（3）模型效果比较（混淆矩阵分析）；（4）应用程序效果；（5）情感关键词词表
分类。

4.1　特征提取的模式比较

我们采用两组特征，分别使用 DT 研究不同深度时平均准确率与树深的关系，特征集一
F1 是基于数据标注关键词的独热编码词向量法，特征集二 F2 是基于头部关键词的独热
编码词向量法。我们分别在主题表与帖子表上进行试验。在主题表上 F2 的效果稍好于
特征集一，特征数量的优势有所展现（见图 8、图 9）；在帖子表上 F2 的效果甚至略逊于 F1
（见图 10、图 11）。F2 虽然属性数量远多于 F1，但是由于 F1 加入了大量的人工智慧与规
则信息，效果的不降反升是可以预见的。

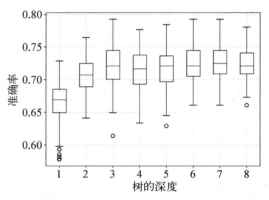

图 8　主题表 F1 准确率与树深箱线图

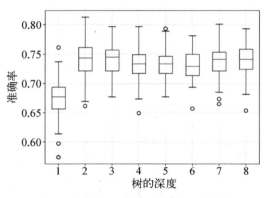

图 9　主题表 F2 准确率与树深箱线图

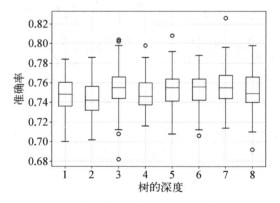

图 10　帖子表 F1 准确率与树深箱线图

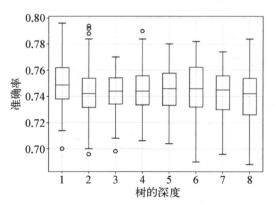

图 11　帖子表 F2 准确率与树深箱线图

4.2　模型参数训练比较

对于 RF 模型，我们展示 RF 平均准确率（反复随机拆分训练集与测试集）与深度的
关系；对于 GBDT 模型，我们展示 GBDT 平均准确率与树的数目的关系。RF 每棵树是
独立的，深度对于性能的影响是显著的；而 GBDT 模型，我们是迭代生成的，因此树的数

目是重要的。我们分别在主题表与帖子表上进行试验。

在主题表上,RF 模型当树深大于 5 时拟合得较好,树深过大,则会过拟合,选取方差较小的 depth＝7 作为最终树的深度;GBDT 模型当树的数目大于 50 时较为稳定,为减少计算复杂度,选取方差较小的 n_estimator＝90 作为最终树的数目(见图 12、图 13)。

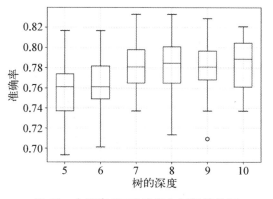

图 12　主题表 RF 准确率与树深箱线图

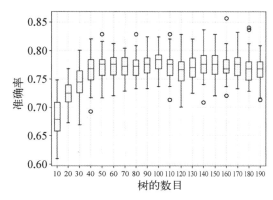

图 13　主题表 GBDT 准确率与树棵数箱线图

在帖子表上,RF 模型当树深大于 6 时拟合得较好,选取方差较小的 depth＝8 作为最终树的深度;GBDT 模型平均准确率较为稳定,可见在该数据集上利用 GBDT 模型是很合适的,我们选取 n_estimator＝110 作为最终树的数目(见图 14、图 15)。

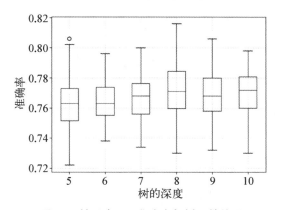

图 14　帖子表 RF 准确率与树深箱线图

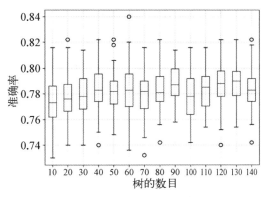

图 15　帖子表 GBDT 准确率与树棵数箱线图

4.3　混淆矩阵分析

混淆矩阵对准确率的分析更为细致,可以直观看见 false positive(FP)与 false negative(FN)的值,并且较为易于计算精确率(precision)、召回率(recall)和综合评价指标(F1-measure)。分析主题表,我们的任务是筛去坏的问题,因此对 FP(把坏问题识别好问题的比例)更为关注,一个好的模型 FP 应该较低。在帖子表上,我们的任务仍然是筛去坏的回答,比如无意义的回答或者是较为粗鲁的语句。在主题表上,我们发现 GBDT 模型 FP 最小仅为 0.15,虽然总的准确率 RF 与 GBDT 持平,但是 FP 的较低值更符合任务的需求,因此选择 GBDT 模型训练问题集。在帖子表上,我们发现 GBDT 模型 FP 最小仅为 0.12,总的准确率 GBDT 也比 RF 略胜一筹,因此选择 GBDT 模型训练回答集。详见图 16～图 21。

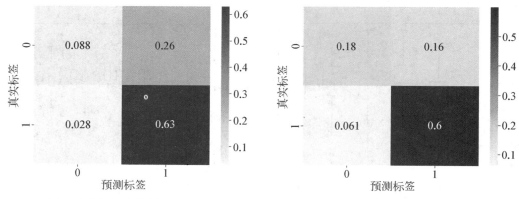

图 16　主题表决策树混淆矩阵　　　　　　图 17　主题表随机森林混淆矩阵

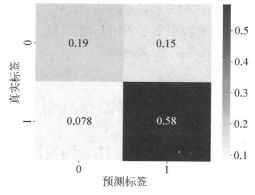
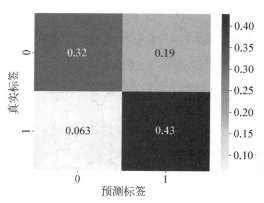

图 18　主题表梯度提升决策树混淆矩阵　　　图 19　帖子表决策树混淆矩阵

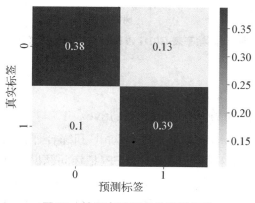
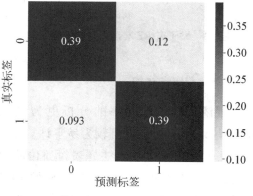

图 20　帖子表随机森林混淆矩阵　　　　　图 21　帖子表梯度提升决策树混淆矩阵

4.4 应用程序展示

为了展现提取的数据库资源,我们制作了数据库展示程序.exe,既是为了让自闭症相关群体更快地搜索到百度贴吧中相关的文本资源,又为我们广大的社会群众展现了自闭症群体不为人知的一面。我们更深入地进入这一弱势群体的世界,了解他们的社会需求。

展示程序截图如图 22 所示,用户可以与程序交互,获取他们想要的信息。通过反复试验,我们发现数据库展示的信息质量较高,无用的或是垃圾信息极少。

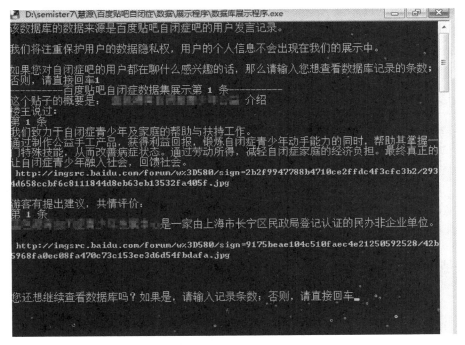

图 22 数据库展示程序截图

我们对应用程序进行了多次试验,查看了数据库的准确率等指标,结果见表 3。我们总结了主题信息不准确的特点可能有:不是完整的语句,看不懂要问什么或描述什么;游客发言不准确的特点有:答非所问,全是贴吧的图片链接。对模型预测的后验概率设置筛选门限值。由于问题集比回答集更为纯净,因此我们设置问题集的后验概率门限值为第一四分位数,回答集的后验概率门限值为第二四分位数。结果证明,我们的数据库中完整且有效的问答信息占到了 80%~90%,即准确率为 80%~90%。

表 3 应用程序测试效果表

类 型	测试 1	测试 2	测试 3	测试 4
完整且有效的信息	29	26	25	28
主题信息有误/不足	0	2	0	0

（续表）

类　　型	测试 1	测试 2	测试 3	测试 4
楼主发言有误/不足	0	0	0	0
游客发言有误/不足	1	2	5	2

4.5　情感词词表

4.5.1　词表分析

我们首先按照词性将分词后的前 100 个关键词分为了如下 4 类：人物身份词、事物名词、动词及其他，结果见表 4。100 个高频词代表了自闭症吧内参与者的核心关注点，我们把前 3 组词语按照一定的标注规则加入到了标注帖子回复表特征集的标准中，以此定义帖子回复集可标注为好回复的标准。

表 4　前 100 个关键词分类表

人物身份词		事物名词		动　　词		其　　他	
孩子		语言	事情	训练	研究	感觉	发现
儿童		能力	幼儿园	说话	哭	情况	时间
家长		孤独症	眼神	喜欢	笑	发展	两个
老师		机构	方式	干预	分享	我家	看着
宝宝		东西	学校	康复	跑	希望	有时候
妈妈		方法	情绪	学习	互动	主动	家里
儿子		医院	指令	交流	关注	表现	一点
小朋友		生活	环境	发育	抱	活动	谢谢
父母		障碍	声音	治疗	检查	特别	差
小孩		游戏	过程	沟通	喊	迟缓	
爸爸		家庭	手	理解	拉	楼主	
医生		教育	认知	教	指	简单	
大人		动作	名字	模仿	社交	真的	
		社会	症状	表达	对视	一种	
		爱	效果	诊断	吃饭	刻板	
		玩具	走	不好			
13		31		31		25	

为了防止高频人物身份词对情感分析的干扰，我们删除了 13 个人物身份词，得到正面/负面情感词词频表，将两个表链接并分类为中性词、正面词和负面词，得到表 5 中的结果。

表 5　情感词分类表

中性词（正/负面情感均含有）				只含有正面情感		只含有负面情感	
语言	动作	方法	环境	喜欢	回答	不好	迟缓
东西	时间	生活	吃饭	活动	事情	医院	告诉
说话	情况	发育	家庭	意愿	兴趣	慢	在家

（续表）

中性词（正/负面情感均含有）				只含有正面情感		只含有负面情感	
训练	手	认知	社交	笑	学会	发音	几个
能力	爱	游戏	方式	拉	开心	动物	指物
玩具	跑	我家	沟通	名字	分享	睡觉	一岁
感觉	孤独症	简单	诊断	声音	社会	学	扔
干预	眼神	希望	指	重复	一种	差	慢慢
走	机构	障碍	刻板	物品	地方	事情	影响
学习	交流	发展	治疗	观察		垃圾	效果
教	主动	情绪	两个				
哭	表达	特别	真的				
表现	有时候	康复	过程				
模仿	幼儿园	看着	一点				
发现	注意力	家里	互动				
指令	喊	对视	运动				
理解	抱						
66				19		20	

4.5.2　词表的情感挖掘与诉求分析

词云结果中可以明显看出3个最高频词为"孩子"、"喜欢"（正面最高频）、"不好"（负面最高频）。因此，"孩子"即全贴吧讨论热点（除"自闭症"之外），"喜欢"即贴吧正面情感的显著特征，"不好"即贴吧负面情感的显著特征。

由表5可知，除去中性词后，前100个高频正/负面情感词中只含一种情感的词数相当，分别是19个和20个；而正/负面词频表中，正面最高频词"喜欢"出现了11 416次（见wordcount_pos.csv），负面最高频词"不好"出现了2 180次（见 wordcount_neg.csv），可以说明贴吧内讨论者的总体情绪较为稳定，并且有正面倾向。

根据词性，表5中高频正面情感词中的动词有"喜欢""笑""观察""回答""学会""分享"，而负面情感词中的动词有"发音""睡觉""学""告诉""指物""扔"，由于自闭症通常存在智力缺失或智力发展障碍[13]，因此该结果提示我们自闭症吧参与者亟待解决的困难主要是改善患儿（患者）在发音、睡眠、学习、认知、行为等方面的不足，而患儿（患者）的笑、回答、学会某件事和分享则是参与者所期待的正面行为（结果）。

另外值得我们和后继研究者注意的是，高频负面情感词中出现了"医院""效果"两个词，表明自闭症吧参与者对医院及某些治疗或训练效果的总体评价是负面的。自2013年4月起由中国精神残疾人及亲友协会孤独症工作委员会开展的首次全国孤独症家长需求调查结果显示，62%家长认为目前孤独症师资不足，希望得到系统性培训的需求强度高达83%[4]。由此可见，从2013年至2019年（本文所使用数据的最晚年份），自闭症相关人员对专业且有效的服务和培训的诉求依旧非常强烈。从长期发展角度看，我们建议政府残疾人相关部门应持续着眼于提升专业机构和培训人员的质量和数量，建议社会上发音、睡眠、学习、认知、行为方面的专业人士为家长传递更多高质量资讯。

5　优缺点比较

研究优点：

（1）有广泛领域适用性，如其他类型的论坛或其他类型的话题进行信息整合挖掘；

（2）有应用化的可能性，如发展成一个智能的专业领域问题的问答系统；

（3）提供与学界结合的研究视角，如整理相关论文的摘要、结论等章节信息，通过筛选技术，提取成专业领域数据库，让专业论文的知识被寻常百姓有效接受。

研究缺点：

（1）现有信息筛选技术的手段较简单，准确率等指标有提升的空间；

（2）应用性较为局限，未能将研究转化为更多层次的研究成果。

6　总结与讨论

我们的研究主要利用了机器学习的手段与自然语言处理的方法，对一个社会科学与精神科学交叉的难题——自闭症问题，从两个独特的视角"网络论坛信息整合"与"社交信息情感分析"进行了深入研究，并通过与相关文献的比较研究，得到了如下较深层次的结论。

通过对筛选出的好问题进行进一步的人工分析，我们总结出自闭症贴吧上面高频焦点问题主要有：确诊问题、早期干预、家属的心理情绪问题、再育风险、自闭症儿童上学问题、求医问题、自闭症患者的家庭教育、病症的治疗方法、自闭症患者的行为表现特征、成人自闭症婚育问题、自闭症的病理特点、如何改善自闭症患者的社会性行为、自闭症的预后、自闭症患者的饮食、自闭症的政策支持、自闭症患者的孕期表现、自闭症诊断标准、自闭症患者及家属的交流渠道、自闭症的中医治疗成效、家属对自闭症应采取的态度。这些问题结合我们所建立的问答集反映了当今中国社会组织与国家政策对自闭症家庭的关照还不够，自闭症家庭的生态环境与家长的生存状态不容乐观。

通过结合《基于关键词共词分析的我国自闭症热点研究》[3]一文对知网研究文献聚类分析所得到的研究热点结果，发现目前科学研究已覆盖到从贴吧上提取出的热点问题有：自闭症儿童上学问题、自闭症患者的家庭教育、确诊问题、早期干预方法、自闭症诊断、治疗方法、自闭症儿童上学问题、自闭症患者的社会性行为问题及行为表现特征。在提取出的热点问题涉及的领域中，一些前沿研究尚未进入我国的自闭症研究领域，例如自闭症的诊断。这说明我国对自闭症的科学研究现存在盲点，自闭症患者的很多问题还不能得到有效解决，需要进一步在未涉及的领域加大力度，开拓本土化科学研究。

参考文献

［1］黄辛隐,张锐,邢延清.71 例自闭症儿童的家庭需求及发展支持调查[J].中国特殊教育,2009(11)：43-47.

[2] 林云强,秦旻,张福娟.重庆市康复机构中自闭症儿童家长需求的研究[J].中国特殊教育,2007(12)：51-57＋96.

[3] 郭文斌,方俊明,陈秋珠.基于关键词共词分析的我国自闭症热点研究[J].西北师大学报(社会科学版),2012,49(1)：128-132.

[4] 郭德华,邓学易,赵琦,等.孤独症家长需求分析与对策建议[J].残疾人研究,2014(2)：43-48.

[5] 陈云松,吴晓刚,胡安宁,等.社会预测：基于机器学习的研究新范式[J].社会学研究,2020,35(3)：94-117＋244.

[6] 田军,张朋柱,王刊良,等.基于德尔菲法的专家意见集成模型研究[J].系统工程理论与实践,2004(1)：57-62＋69.

[7] 陈凯,朱钰.机器学习及其相关算法综述[J].统计与信息论坛,2007(5)：105-112.

[8] 华东师范大学调查与数据中心.百度贴吧自闭症吧用户发帖回帖数据集(2017—2019),http://hdl.handle.net/20.500.12291/10222 V1[Version].

[9] 王甜甜.互联网新闻分类中特征选择和特征提取方法研究[D].中国科学技术大学,2016.

[10] 杨学兵,张俊.决策树算法及其核心技术[J].计算机技术与发展,2007(1)：43-45.

[11] Breiman L. Random forests. *Mach. Learn*,2001,45：5-32.

[12] Friedman J H.Greedy function approximation：A gradient boosting machine[J]. *Annals of Statistics*,2000,29(5)：1189-1232.

[13] 陈启,刘华清.真性、假性自闭症的分类与介入训练[J].中国社区医师,2019,35(28)：6-10.

[14] 张良均.Python 数据分析与挖掘实战(第 2 版)[M].北京：机械工业出版社,2019.

作者介绍和贡献说明

黄永晟：复旦大学大数据学院,本科生。主要贡献：通过讨论的形式制定出研究方案与流程,负责信息整合部分的 Python 代码实现以及相关部分的论文写作。

聂秀雯：复旦大学大气与海洋科学系,本科生。主要贡献：提出初始研究思路,负责情感分类部分的 Python 代码实现及论文写作,同时协调团队工作。E-mail：1020435834@qq.com。

朱悦：复旦大学航空航天系,本科生。主要贡献：完成论文非主体部分,归纳优质问题筛选标准。

虚拟社区对自闭症家庭的社会支持：基于"自闭症吧"用户数据的实证分析

黄佳佳 罗美容 雷俊茹 吴晓阳 燕慧颖
（上海大学社会学院）

摘要：基于社会支持理论，本文将社会支持分为正式支持和非正式支持，探讨了自闭症家庭在虚拟社区中所获得的社会支持类型。通过分析"自闭症吧"的用户数据，本研究发现：初级用户和高级用户发起的帖子，及发帖人发言情绪更积极的帖子，受到的关注度更高、情绪积极的回复更多；另外，更多用户在虚拟社区寻求非正式社会支持，而这种需求虽能引起共鸣，却不一定能获得更多的积极情感支持。本研究为虚拟社区的非正式支持功能提供了初步的证据，也表明那些没有得到及时关注的发帖，在获取支持上仍有提升空间。

关键词：自闭症 虚拟社区 非正式社会支持 文本挖掘

Social Supports for Autism Families in Virtual Community：Research on User Data of "Autism Tieba"

Huang Jiajia, Luo Meirong, Lei Junru, Wu Xiaoyang, Yan Huiying
（School of Sociology and Political Science，Shanghai University）

Abstract：Based on the data from "Autism Tieba", this paper analyzes the social support of autistic patients and their families in the virtual community by means of text analysis，linear regression model and other research methods. The results show that posts initiated by junior users and advanced users，as well as posts with more positive tone，gain more attention and more positive responses；in addition，most users seek informal social support via virtual community，and although their posts might attach higher attention，they may not get more positive support. It shows that virtual community still has room for improvement in meeting the demand of autistic families for informal social support.

Keywords：autism, virtual community, informal social support, text mining

1　研究背景和研究问题

在相当长的一段时间内,自闭症(也称孤独症)被认为是罕见病,人们对此的研究和关注相对较少。但是近年来,我国自闭症发病率已由原来的万分之三上升到千分之一,正成为严重影响儿童健康最常见的疾病[1]。《中国自闭症教育康复行业发展报告Ⅱ》的调查数据显示,我国的自闭症发生率大约为1%,有超过1 000万的自闭症患者,其中12岁以下的儿童就超过200万[2]。如此庞大的自闭症弱势群体,不仅给社会带来巨大的负担,对个人和家庭更是造成巨大伤害,患者及其家属需要面对高昂的医疗费用、消极的社会舆论和难以宣泄的情感等现实压力。截至目前,自闭症患者及其家属仍面临着诸多困境,包括经济负担重、心理压力大、自闭症的污名化、缺少广泛的社会支持和精细的社会帮扶、自闭症教育和就业状况堪忧、特惠性政策缺位、救助制度内部缺陷等[3,4]。因此,无论是医学界、新闻界、学术界还是普通民众,都开始积极关注自闭症患者及其家属的生活和社会需求状况。以往调查和研究表明,自闭症的社会需求是关乎家庭、家长和孩子三方需求的综合反映[3]。自闭症儿童患者主要需要照料需求、受教育需求、社会交往需求和受尊重需求,而自闭症家庭主要渴望得到经济支持、家庭情感支持与维系以及社会接纳不歧视不排斥[2]。从总体上看,这三方需求又可总结为内部需求和外部需求。内部需求即患者自身需要的教育和就业、社会交往和健康需求等,以及家长所需要的育儿帮助和专业支持需求等。外部需求是指政府机构、社会组织、社区团体等为自闭症患者及其家庭所能提供的支持和帮助,包括政策支持、信息和技能提供、自闭症患者疗育机构、精神情感支持等[5,6]。

由此,本文在了解自闭症患者及其家庭的社会需求和困境的基础上,借用百度贴吧自闭症吧的数据,分析了这个群体现阶段在虚拟社区中所能获取的社会支持状况,以便将来更好地满足自闭症患者及其家庭的社会需求,进一步缓解和解决该群体的社会困境。首先,根据前文的文献回顾,本研究按照社会支持研究中较为普遍的划分方式,把帖子分为正式与非正式的社会支持,这两个类型的支持分别是自闭症吧中所有帖子的两大主题;其后,使用LDA主题模型计算了帖子分配到每个主题的概率;然后,测量了帖子的情感指数。本研究用帖子回复数作为帖子的受关注程度,把积极的情感指数看作帖子的非正式支持,用回归模型来检验这两者的影响因素。

2　文献回顾与研究假设

2.1　社会支持的内涵与分类

20世纪60年代,社会支持的概念已被正式提出,但是到目前为止,不同学科对于社会支持的内涵阐述不尽相同。从社会心理刺激和个体心理健康之间的关系角度,有学者将社会支持理解为一个人通过社会联系所获得的能减轻心理应激反应、缓解精神紧张状态、提高社会适应能力的影响[7];而在对个体社会支持网络的规模、网络构成模式的研究

中,则把社会支持看作个体从社会中获取的各种帮助[8];社会互动理论提出社会支持指的
是个体与个体之间的联系,这种联系是能被个体所感知到的客观存在,并在个体需要的时
候提供帮助,即社会支持是一种社会互动关系[9]。尽管各个学者根据自己的研究方向和
理解角度对社会支持的内容做出了不同的界定,但本质上,社会支持的基本出发点都是如
何有效地帮助某个个体或群体获得其所需要的资源[10]。

在社会病原学(social pathology)中,与疾病有关的社会支持理论基于的假设是弱势
群体需要支持援助,即在对弱势群体进行全面而科学认知的基础上,对弱势群体需要何种
资源以摆脱困境、缓解压力做出判断[11]。在社会学研究中,涂尔干最早通过实证方法研
究社会交往与人的行为关系,他在《自杀论》中发现拥有较少社会关系的人群自杀率较
高[12]。而在流行病学研究中同样发现社会的融合程度与死亡率或疾病发病率相关,即社
会融合程度越高,流动人员的疾病发病率就越低[13,14]。因此,社会关系与社会支持对于身心
健康和社会和谐有着重要影响,社会支持体系能够帮助个体面对现实压力和生活困难[15]。

目前对社会支持的分类的侧重点多种多样。一些学者将社会支持分为两种类型:一
是指客观的社会支持,即可见的或实际的社会支持,例如物质上的支持等;二是主观的社
会支持,指的是个体在社会中受尊重、理解等方面上的情感体验[16]。与正常儿童父母相
比,自闭症儿童父母缺乏足够的客观社会支持和主观社会支持,导致自闭症儿童家长对社
会支持的满意度非常低[17]。社会网络分析的研究者发现,个体在生活中需要维持不同的
社会网络和社会关系,以此来获得不同的社会支持。Wortley 等人发现强关系比其他关
系提供更多的服务和情感支持,并且强关系能提供更多的陪伴支持[18]。还有学者根据社
会支持所提供的资源不同,将社会支持分为 4 类,即:情感支持、信息支持、友谊支持和归
属感支持以及工具性支持[19,20]。

以上关于社会支持的不同分类,本质上可概括为正式的社会支持与非正式的社会支
持。正式社会支持系统一般包括专业的医疗、法律保护、社会服务、社会保障以及能够为
自闭症家庭提供专业指导的 NGO 组织等。非正式社会支持系统一般是指家庭、邻里、社
区中的人际关系、人际互助网络、信息提供与分享等[1]。正式社会支持系统可为自闭症患
者及其家庭提供更广泛的经济帮扶和更好的医疗条件,从而缓解自闭症家庭的经济负担。
而非正式社会支持系统是由亲属好友甚至是陌生人组成的非正式网络,可以给自闭症儿
童及家庭提供情感支持,对于缓解自闭症家属的心理压力和增加治疗效果具有重要的作
用[21]。有学者利用百度贴吧的"HIV 吧"及"乙肝吧"的发帖数据,提出疾病患者当前社会
支持的需求远大于社会支持的供应[22],也发现在线上社区支持中,信息支持和情感支持
是被寻求和提供较多的类型。不同等级用户在提供和获取社会支持时的活跃度不同,所
涉及的支持类别也有差异,相比于初级和高级用户,中级用户是社会支持的主力军,提供
更多的友伴支持;而初级用户提供更多的信息支持[23]。这说明非正式社会支持在虚拟社
区中更为常见,是疾病患者主要寻找和关注的支持形式和内容。

2.2　虚拟社区与社会支持

社会支持对于自闭症患者及其家庭具有重要影响,而互联网的广泛运用可以将这种

社会支持的覆盖范围更大化[24]。截至 2020 年 3 月,我国的网民规模达到 9.04 亿,其中手机网民占比高达 99.3%。这表明网络社交媒体已是公民交流信息和获取知识的重要渠道。人们的社会交往形式也随着互联网的普及而发生巨大转变[25]。互联网的交互能力最大限度地缩小了人与人之间的交际距离,能通过文字、语音和视频等方式实现跨时空的交流。虚拟社区弥补了传统社区的缺陷,在现实生活中,群体的形成是基于对个体、对对方物质上的依赖形成的"有机团结";而在虚拟社区中,群体则是由一群关注同一个问题或者领域而组成的"机械团结"[26]。随着中国互联网的快速发展,越来越多的弱势群体形成了自身的虚拟社区,这些虚拟社区最主要的功能就是给成员提供各类社会支持。

关于虚拟社区与社会支持的相关研究,主要有以下几个方面的发现。第一,患者通过虚拟网络里的即时互动,重获物质性、情感性与认同性支持,主动参与个人社会支持网络的建构,将社会支持从"单向给予"转向"双向互动"[27]。第二,相对于参与程度低的成员,参与程度越高的成员更容易在论坛中获得各类社会支持。处于网络中心位置的意见领袖,其发起的帖子回复率也相对较高,然而其不一定是活跃会员[28]。因此,个人想要在虚拟社区中获得多种的社会支持,就需要积极参与话题讨论,与其他成员多互动,以此增加成员之间的归属感和认同感[29]。第三,虚拟社区将个体社会支持范围从核心家庭亲属的强关系支持扩展到边缘化陌生人的弱关系支持[27,30]。类似于贴吧、豆瓣小组、知乎小组等网络分享社区,具有匿名性、及时性、跨时空等特点,这对许多伴随着羞耻感疾病的患者及其家属而言,是获取广泛社会支持的重要渠道之一[21]。第四,参与线上社区讨论能够给参与者带来更多可感知的社会支持[31],而可感知的支持获得性有助于个体应对压力和提供自我效能感[32,33]。在线社交支持比线下社交支持对社交焦虑者主观幸福感的贡献更大[34]。

2.3　假设提出

结合理论和前人的实证研究,本节将提出几个相关假设。在贴吧中发帖人最期待的就是得到关注,与他人产生互动。从理论上来说,回帖数越多,发帖人需求被有效回应的可能性就越大,是其获取社会支持的表现之一。具体什么因素会影响其发帖的回复数和受关注度呢? 本文提出以下假设:

假设 1.1　在虚拟社区中,初级用户和高级用户的发帖更容易得到关注;

假设 1.2　用户发帖的情绪表达越积极,其发帖越容易得到关注;

假设 1.3　与非正式社会支持主题相关的帖子,更容易得到关注。

由于线上支持的即时性、匿名性、不确定性、多面性等特点,以及虚拟社区用户角色和参与度也会随着时间的推移而变化,因此许多用户在社区注册后大概率会由信息/情感寻求者演变成为非社会支持参与者,即其文本内容与社会支持不相关[35]。这使得虚拟社区的线上支持是相对浅层的支持,难以提供长期护理、日常照顾等传统家庭照护所能提供的稳定性、长久性支持。并且由于随时面临着网络质疑与暴力的风险,疾病患者群体会受到更加严重的"污名化"与"标签化",加剧患者与社会之间的隔阂[21,36-38]。因此,发帖人的帖子回复数越多即受关注度越高,不一定意味着受到更多的社会支持,也有可能意味着受到更多的社会排斥。其中一个重要的判断依据,便是回帖的情感指数。回帖情感指数越高,说明收到的回复是更正面的,这种回复带来社会支持的可能性更高。因此本文不仅关注回帖的数量,也关注回帖的情感指数,确保用户在此虚拟社区中得到的是社会支持,从而进一步提出以下假设:

假设 2.1 在虚拟社区中,初级用户和高级用户的发帖越容易得到带有积极情绪的回复;

假设 2.2 用户发帖的情绪越积极,越容易得到带有积极情绪的回复;

假设 2.3 与非正式社会支持主题相关的帖子,更容易得到带有积极情绪的回复。

3 数据来源与变量设置

研究使用的数据来自华东师范大学调查与数据中心发布的"百度贴吧自闭症吧用户发帖回帖数据集(2017—2019)[39],包括用户的贴吧等级信息。该数据来自"慧源共享"全国高校开放数据创新研究大赛提供的数据集,原始数据中有 8 097 个主帖,以及主帖中 68 575 条评论和 76 284 条楼中楼评论(即对评论的回复),是这段时间内较为完整的数据。不过数量庞大的用户互动内容却给数据处理带来了极大挑战。本研究使用了相对成熟的文本分析技术和算法对贴吧中的文字内容进行主题分析和情感分析。

3.1 用户等级

经验值是用户在贴吧中活跃度的量化指标,综合了用户发帖、回帖、帖子字数和质量等方面的表现,能够说明用户在虚拟社区中的参与度和活跃度。自闭症吧用 18 个经验等级来划分不同经验值的用户,值域是 1~18 的整数,数值越高即经验等级越高。18 个经验等级从低到高有不同的等级头衔。本研究原始数据涵盖了 13 个经验等级和 8 种头衔:1(初级粉丝)、2(中级粉丝)、3(高级粉丝)、4~5(正式会员)、6~7(核心会员)、8~9(铁杆会员)、11~12(知名人士)、13(人气楷模)。

3.2 帖子的主题

本文对自闭症吧的帖子进行分词后,试图从词语之间的关系来发现前文对社会支持的分类是否合理。词语之间的关系包括 n 词图(n-grams)、词语共现(co-occurences)等。n 词图可以看出哪些词语倾向于出现在某个词语之后,n 词图中的 n 是在每个 n 词图中选取的词语数量。当 n 设为 2 时,检查的是 2 个前后连续的词,通常称为"词对"(bigram)。本文将词对的关系可视化为网络图,词语网络图可以直观地反映出大致的主题。

在对帖子主题做了探索性分析后,本研究对帖子的主题概率进行量化,使用的是文本主题模型(topic model),是在一组文档中识别主题的过程。目前有多种算法可以实现文本主题的分类,本文使用隐狄里克利分配算法(latent Dirichlet allocation,简称 LDA)对自闭症吧中帖子的潜在主题进行分析。LDA 是一种无监督学习,适合于离散数据集合(如文本语料库)的生成概率模型[40]。LDA 的一个关键假设是:文档生成的前提首先是有一组主题,从每个主题下选择一组词语,然后由选中的词语组成一个文档[41]。

图 1 是 LDA 模型过程的图示。α 和 β 是模型参数,α 是文档-主题概率分布的先验参数,β 是主题-词语概率分布的参数。w 表示观测到的词语,z 表示词语 w 的主题,θ 代表文档的主题概率分布,M 代表文档的个数,N 表示文档的长度。通过对以下目标函数的最大化来求解参数 α 和 β[42,43]:

$$l(\alpha, \beta) = \ln\left[P(w \mid \alpha, \beta)\right]$$
$$= \ln\int \left\{\sum_z \left[\prod_{i=1}^{N} P(w_i \mid z_i, \beta) P(z_i \mid \theta)\right]\right\} P(\theta \mid \alpha)\mathrm{d}\theta。$$

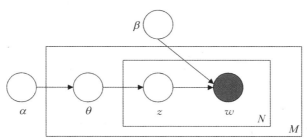

图 1　LDA 的图模型(Blei et al. 2003)

3.3　情感指数

文本情感分析的一种方法是把文本看成单个词语的组合,把整个文本的情感内容看成单个词语情感内容的总和,这是一种进行情感分析常用的方法。在对自闭症贴吧的 8 097 条帖子进行情感分析时,本文使用了中国知网情感分析词语集(beta 版)计算帖子文本的情感指数 A。为了验证模型结果的稳健性,本研究又使用了大连理工大学信息检索研究室标注的中文情感词汇库计算了情感指数 B,进行平行检验。具体计算时,两个词库均包含情感正向词和情感负向词,分别对它们赋予权重"1"和"−1"。大连理工大学情感词汇不仅包括了情感分类,还有情感强度,情感强度共分为 9 个等级,1 的强度最低,9 的强度最高,每个词汇的情感分值还要乘以各自的情感强度。对每一条帖子进行分词后,计算所有词汇情感值的加总得分即为每条帖子的情感指数。

3.4　帖子回复数

用户和他人的互动可以用发布帖子收到的回复数量来衡量。帖子发布后收到的回复包括在主楼下的跟帖、对各个楼层的回复,发帖者自身的回复不计入帖子回复数。

4　描述统计

4.1　自闭症吧总体描述

虚拟社区为人们提供了线上交流的空间,自闭症吧是典型的线上健康交流社群,"为自闭症、孤独症病友、家属、医护人员、相关特教人员以及所有关注自闭症治疗的人士提供交流的平台"(自闭症吧务组,2016)。自闭症吧每月发帖总数逐渐增加的趋势(见图2),表明该贴吧拥有相对活跃的用户群体。

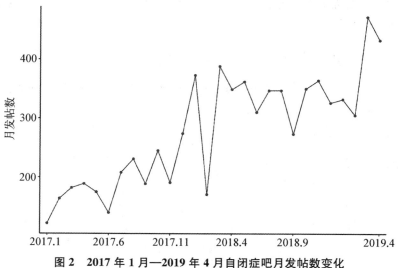

图2　2017年1月—2019年4月自闭症吧月发帖数变化

自闭症吧中有18个用户经验等级和8个等级头衔,不同等级用户在发帖数量和内容上存在明显的差异。在本研究分析的8 097条帖子中,回复数在3条以下的帖子占到60.3%。帖子收到的回复数量与发帖者的贴吧等级有很大关系,贴吧等级越高收到的回复数也会较多(见图3)。回帖数量与发帖人的等级呈现"J型"关系,"人气楷模"(最高等级)平均每条发帖的回复数约为83,而"初级粉丝""中级粉丝"等低级成员收到的平均回复数都小于10。由此可见,贴吧等级越高,帖子收到的回复就越多。新成员或者不活跃成员的帖子的被回复率就比较低,他们的需求可能未得到及时回应。

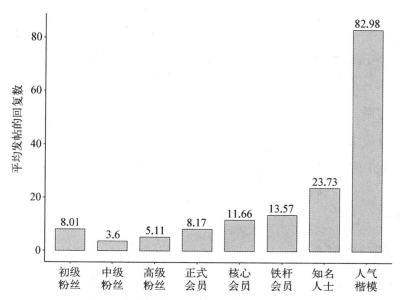

图3　各个等级用户平均发帖收到的回复数

4.2 虚拟社区的支持类型

本文对自闭症吧的帖子进行分词后,把前后相邻的2个词语看作直接的网络关系,从而把分词结果转化为 n 词图。本文将 n 词图的关系可视化为网络图(见图4)。"自闭症"和"孩子"是吧里最中心的关键词,观察与之相连的词语可帮助总结出潜在的文本模式。与"自闭症"相连的词语更多是与疾病关联的正式词汇,例如"患者""诊断""治疗"之类的词。"孩子"一词则更多与"家长/父母""玩""语言"等词相邻。侧重点不同的帖子会在词语的使用上存在差异,关注孩子与正常生活之间冲突的帖子更多使用与行为、情感有关的词汇,它们表示用户在虚拟社区中对非正式社会支持的期望。而围绕着疾病与健康建构起来的词汇,把自闭症嵌入于制度性的医疗话语中,它们反映了用户文本里的正式社会支持。

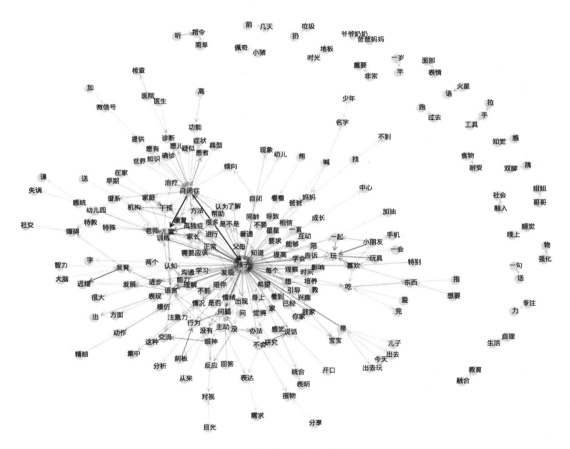

图4 帖子文本的 n 词图

结合已有文献和 n 词图的探索性分析,本研究认为自闭症吧帖子的主题可划分为正式的社会支持和非正式的社会支持。确定主题数量之后,本研究使用 LDA 主题模型计算了帖子的主题分布(见图5)。由于文本之间可能存在主题的重叠,因此"自闭症""孩子""家长"等词在两个主题中均有出现。除了以上共同的词语外,"训练""行为""治疗"等词汇概率更高,而在主题2中,"玩""宝宝""喜欢""我家"等词侧重于情感性的非正式支持。

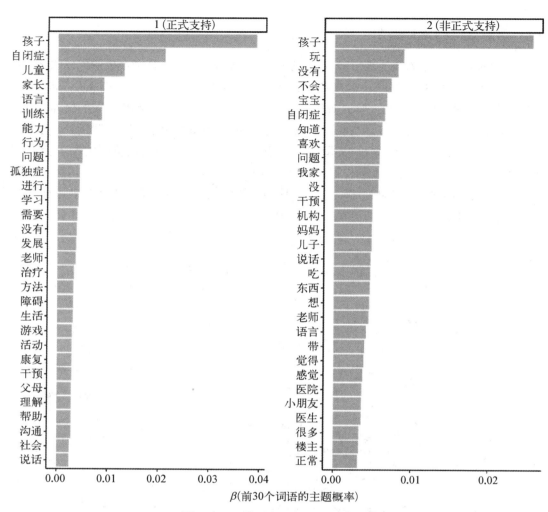

图5　LDA 模型主题-词语概率分布

　　在现实中,一个帖子可能同时包含了正式支持和非正式支持的主题,LDA 模型给每个帖子分别计算了两个主题的概率值 γ,如果非正式支持主题的 γ 值更大,则该帖子更可能是非正式支持主题下的。本研究用每个帖子中非正式支持主题的概率减去正式支持主题的概率,得到一个介于-1~1 之间的连续值。完全属于正式支持主题的值为-1,完全属于非正式支持主题的值为 1。非正式支持主题的帖子明显多于正式支持主题的帖子,等级更高的用户更可能发布正式支持主题的帖子(见图 6)。

　　下面分别举两个主题下的典型帖子。题为"自闭症康复方法,语言专栏"的帖子分配到正式支持主题的概率为 0.972,非正式支持主题的概率为 0.028,因而它更可能是正式支持主题下的帖子。该帖子的内容涉及自闭症干预方法:

　　　　楼主:这里整理收集了关于星儿语言康复的技巧和方法,每天更新。……不少家长尤其是自闭症孩子的家长,总是被孩子的语言问题所困扰,今天小编为大家整理出了语言训练的三部曲,希望能为家长减少一些困扰和烦恼。……(某自闭症康复机

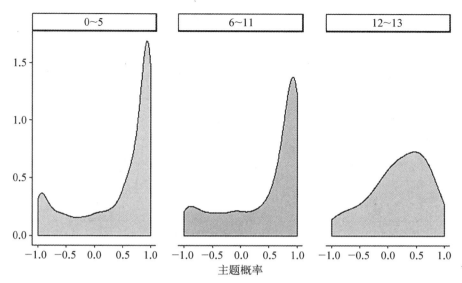

图 6 不同等级用户发帖主题的核密度估计

构,2017 年 8 月)

题为"我的宝贝,妈妈和你一起加油!"的帖子中,用户发帖的目的是为了记录和分享个人经历,它的非正式支持的概率更大:

> 楼主:2018 年 7 月 5 日,这是一个我不想记起但又深刻我心底的日子。因为就在这一天,我从天堂掉到了地狱。……

> 网友回复:感觉要恢复正常了,加油!

> 楼主回复:看了你的帖子,真希望能如你一样,感觉那就是精神食粮,给了我们走下去的勇气。(某自闭症儿童妈妈,2018 年 11 月)

与虚拟社区其他用户的情感互动是这类帖子回复的主要内容,通过相似的经历形成了关于家属身份的共同意识。用户发帖的生活叙述使非正式社会支持需求得以显现。自闭症家属还有对正式社会支持的需求,如自闭症康复机构扮演了正式社会支持提供者的角色。

5 结果分析

5.1 回帖数的影响因素

为检验自闭症吧回帖数的影响因素,本文使用线性回归模型,以帖子为分析单位,采用发帖人的贴吧等级、贴吧等级的平方、发帖人在本帖中发言的情感指数(A/B)、帖子的主题概率作为自变量,以回帖数(发帖人本人的回帖除外)为因变量,对假设 1.1、1.2、1.3 进行检验,结果如表 1 所示。表 1 的模型 1.1 和模型 1.2 分别放入情感指数 A 和情感指数 B 作为自变量,结果相似,说明模型结果可信度较为稳健。结果显示,在虚拟社区中,用户帖子的受关注度与用户贴吧等级、发帖的情绪表达及其帖子主题有关,假设 1.1、1.2 和 1.3 成立。

表 1　回帖数的影响因素

	模型 1.1	模型 1.2
发帖人等级	−2.53*** (0.56)	−2.93*** (0.59)
发帖人等级的平方	0.42*** (0.05)	0.48*** (0.06)
发帖人发言情感指数 A	0.21*** (0.01)	
发帖人发言情感指数 B		0.03*** (0.001)
帖子主题(正式-非正式)	11.09*** (0.56)	11.31*** (0.60)
常数项	5.67*** (1.32)	7.43*** (1.39)
样本量	6 941	6 787
R^2	0.19	0.12
调整 R^2	0.19	0.12

注：括号内为标准误差，*** $p<0.001$，** $p<0.01$，* $p<0.05$。

　　表 1 结果表明，发帖人的贴吧等级与回帖数是一个"U 型"关系，也就是说，初级用户和高级用户发帖被回帖的概率高于中级用户，即假设 1.1 成立。在虚拟社区中，初级用户和高级用户更容易得到关注。

　　如表 2 中模型 2.1 和模型 2.2 结果所示，初级用户与高级用户在本帖中的互动率较高，即更多地在他人或自己发起的帖子中回复他人，参与互动。初级用户可能正处于对贴吧的社会支持需求更强烈的状态，他们相较于中级和高级用户来说，更需要信息输入与情感支持，于是会在回帖的过程中进行追问，以获得更多、更深入的知识和信息。而高级群体更可能是知识权威、信息中心或者各类活动的组织者角色，他们掌握了大量关于自闭症的有效信息，发帖容易受到贴吧成员的关注。加之等级高的成员人气高，容易形成聚集效应，在自闭症贴吧中，往往是活跃的高等级成员影响力更大，他们的发帖更能引发其他用户的关注。等级高的成员号召和组织能力更突出，更容易吸引能提供相关支持的其他用户聚集起来，从而增加帖子提供社会支持的价值，进一步增强高级用户发帖的受关注度。

　　除了发帖人的用户等级之外，发帖人自身发言的情感指数也是受关注度的重要影响因素，从模型 1.1 和模型 1.2 可以看出，发帖人情感指数越高，即情绪越积极的帖子，回帖数越多，假设 1.2 成立。发帖人发言的情感色彩奠定了整个帖子的情感基调。在自闭症贴吧内，更多用户是来自自闭症家庭，出于自身需求加入贴吧的，因此他们期望得到正面和积极的反馈，以达到在虚拟社区中获取社会支持的目的。情绪消极的发帖虽然会引起共鸣，获得其他用户的鼓励和支持，但情绪积极的帖子能给人实质的帮助。因此，发帖人

表 2　用户等级与互动率、情感指数的回归分析

	模型 2.1 互动率 A	模型 2.2 互动率 B	模型 2.3 情感指数 A	模型 2.4 情感指数 B
用户等级	−0.08*** (0.01)	−0.04*** (0.01)	−0.05 (0.06)	0.10 (0.32)
用户等级的平方	0.01*** (0.001)	0.003*** (0.001)	0.003 (0.01)	−0.02 (0.04)
常数项	0.90*** (0.01)	0.61*** (0.01)	1.87*** (0.10)	6.83*** (0.52)
样本量	11 108	3 586	8 740	8 117
R^2	0.04	0.01	0.000 2	0.000 1
调整 R^2	0.04	0.01	−0.000 1	−0.000 2

注：括号内为标准误差，*** $p<0.001$，** $p<0.01$，* $p<0.05$。
用户与他人帖子的互动率 A：互动率 A＝用户在他人帖子中的回帖数/用户总发言数。
用户在本人帖子中的互动率 B：互动率 B＝用户在本人帖子中的回帖数/本人帖子的总发言数。

发言情绪越积极的帖子，在贴吧中获得更多关注。

从表 2 的模型结果可以看出，帖子主题概率越大，即越靠近非正式社会支持主题，则其回帖数越高，即受关注度越高，因此假设 1.3 成立。对于非正式社会支持主题的帖子，更多用户作为自闭症家属，能对其内容感同身受，且拥有相关经验，因此这类主题的发言门槛较低，被回复、受关注的可能性更高。至于能否因此获取更多的社会支持，则有待下文进一步检验。

5.2　回帖情感指数的影响因素

为检验自闭症吧回帖情感指数的影响因素，本文同样使用线性回归模型，以帖子为单位，采用发帖人的贴吧等级、贴吧等级的平方、发帖人在本帖中发言的情感指数（A/B）、帖子的主题概率作为自变量，分别以回帖情感指数 A 和回帖情感指数 B（发帖人本人的回帖除外）为因变量做了模型 3.1 和模型 3.2，对假设 2.1、2.2、2.3 进行检验，结果如表 3 所示。表中不同情感指数作为自变量的两个模型，结果相似，说明模型结果可信度较为稳健。结果显示，在虚拟社区中，回帖的情感指数与用户贴吧等级、发帖的情绪表达有关，但与其帖子主题无关，无法证实假设 2。

表 3　回帖情感指数的影响因素

	模型 3.1	模型 3.2
发帖人等级	−5.15*** (1.22)	−11.88** (5.01)
发帖人等级的平方	0.78*** (0.12)	2.09*** (0.48)

（续表）

	模型 3.1	模型 3.2
发帖人发言情感指数 A	0.22*** (0.01)	
发帖人发言情感指数 B		0.12*** (0.01)
帖子主题（正式-非正式）	2.47 (1.66)	2.16 (6.84)
常数项	9.53*** (2.93)	31.20*** (11.98)
样本量	4 008	3 817
R^2	0.12	0.05
调整 R^2	0.12	0.05

注：括号内为标准误差，*** $p < 0.001$,** $p < 0.01$,* $p < 0.05$。

　　由表 3 的模型 3.1 和模型 3.2 可知，初级用户和高级用户收到的回帖数量更多，情感指数也更高，假设 2.1 成立，初级用户和高级用户在虚拟社区发帖更容易获得带有积极情绪的回复，获得社会支持。结合表 2 的模型 2.3 和模型 2.4，不同等级的用户，发言情感指数不存在显著差异（表 2），却能引起不一样的回帖情感指数（表 3）。再结合表 2 的模型 2.1 和模型 2.2，初级用户和高级用户与他人互动的积极性更高，能更好地建立虚拟社区的人际网络，获取更多的社会支持。初来乍到的初级用户和信息输出中心的高级用户，都能得到相对积极的回复，说明虚拟社区能够为初级用户提供更多的社会支持，实现其社区目的。而且，在正面回馈的鼓励下，高级用户可以获取坚持输出的动力，继续参与维系虚拟社区的社会支持机制。

　　总体来看，虽然用户等级与其发言的情感指数无关，但这两个因素都会影响到回帖的情感指数。表 3 模型结果显示，发帖人发言的情感指数与其他用户回帖的情感指数成正比，假设 2.2 成立。在贴吧的互动过程中，情绪是流动的，会互相影响。发帖人的发言情绪表达更积极，表现在讨论内容、表达语气等方面，在此基础上的回帖，其他用户发言的情感指数也会受到影响，以相应的语气回应相关的讨论内容，因此发帖人的发言情绪表达更积极，其回帖情绪表达也更积极，更容易获得社会支持。

　　结合表 1 的模型结果，情绪表达消极的帖子，既难以引起更多关注，也难以获取更多社会支持。发言情感指数较低的用户，对于虚拟社区的社会支持需求同样强烈，甚至更加迫切，但是由于虚拟社区中的成员组成同质性较高，大部分发言者是自闭症家属，情绪表达消极的内容描写的是他们司空见惯的日常，除了引起共鸣，难以在心理或信息上为他们提供实质的社会支持，因此难以引起关注和积极回复。

　　本文还对帖子的主题进行了检验，表 3 的模型结果表明，无论帖子主题偏向正式社会支持还是非正式社会支持，都不会影响回帖的情感指数，在社会支持的获得上不存在显著差异,假设 2.3 不成立。结合表 1 模型结果,可知偏向非正式社会支持主题的帖子,更容易引起关注,但不一定能获得情绪表达更加积极的回复,即不一定能获得更多的社会支持。

6 结论与讨论

在虚拟社区中,初级用户和高级用户发起的帖子及发帖人发言情绪更积极的帖子,更容易引起关注,且得到情绪表达更积极的回复,获取更多社会支持;而偏向非正式社会支持主题的帖子,虽然更容易得到关注,但不一定得到情绪表达更加积极的回帖。研究结果表明自闭症吧是一个主要提供非正式社会支持的平台,在吧内自闭症儿童的家长们相互鼓励、安慰,并且分享他们的经验和救助信息。初级用户通常作为急需支持的求助者,通过提高互动率来获取关注以及虚拟社区的社会支持;而高级用户作为信息输出者和组织者,其发帖能引起更多关注,从而加强贴吧提供社会支持的功能。发帖人发言情绪越积极的帖子更容易获取关注,形成一个正向循环,营造相互支持鼓励的和谐贴吧氛围。

但是研究结果也表明,在满足自闭症家庭非正式社会支持的功能上,虚拟社区仍有提升空间。非正式社会支持的需求,虽能引起更多关注和共鸣,却不一定能获得更积极的情感支持,尤其对于情绪表达相对消极的用户,更是容易被忽略而难以获取社会支持。最后,本文倡议更多的医学、心理学、社会工作等相关专业组织、专家学者参与到虚拟社区的交流和建设中来,如以高校实践活动、义工活动等形式,一方面通过及时的科普、心理疏导等方式介入讨论,提供正式和非正式的社会支持,另一方面也为自闭症的相关研究提供研究对象和资料。

参考文献

[1] 高雪.育儿过程中自闭症儿童家长需求的个案研究[J].南京特教学院学报,2009,22(4):38-40.

[2] 五彩鹿自闭症研究院.中国自闭症教育康复行业发展报告Ⅱ[M].北京:华夏出版社,2017.

[3] 中国精神残疾人及亲友协会.中国孤独症家庭需求蓝皮书[M].北京:华夏出版社,2014.

[4] 林静,单联成,于潇.自闭症儿童走出社会救助困境的路径探讨[J].长春理工大学学报(社会科学版),2019,32(2):77-81+104.

[5] 林云强,秦旻,张福娟.重庆市康复机构中自闭症儿童家长需求的研究[J].中国特殊教育,2007(12):51-57+96.

[6] 王春娜.自闭症儿童家庭社会支持的社工实务介入[D].郑州大学,2014.

[7] 李强.社会支持与个体心理健康[J].天津社会科学,1998(1):3-5.

[8] 张文宏,阮丹青.城乡居民的社会支持网[J].社会学研究,1999(3):3-5.

［9］程虹娟,张春和,龚永辉.大学生社会支持的研究综述[J].成都理工大学学报(社会科学版),2004(1)：88-91.

［10］张友琴.社会支持与社会支持网——弱势群体社会支持的工作模式初探[J].厦门大学学报(哲学社会科学版),2002(3)：94-100＋107.

［11］汪会珍.自闭症患者及家庭的社会支持研究[D].华中师范大学,2018.

［12］林海英.自闭症谱系障碍儿童母亲社会支持网络及其功能研究[D].华东师范大学,2012.

［13］Kathleen E. Social networks social support and coping with serious illness：The family connection[J]. *Social Science & Medicine*, 1996：173-183.

［14］于海燕,俞林伟.社会融合、社会支持与流动人口全人健康——基于浙江的实证分析[J].浙江社会学,2018(6)：86-95＋157-158.

［15］宫宇轩.社会支持与健康的关系研究概述[J].心理学动态,1994(2)：34-39.

［16］肖水源.《社会支持评定量表》的理论基础与研究应用[J].临床精神医学杂志,1994(2)：98-100.

［17］秦秀群,彭碧秀,陈华丽.孤独症儿童父母的社会支持调查研究[J].护理研究,2009,23(19)：1725-1726.

［18］Wellman B，Wortley S. Different strokes from different folks：Community ties and social support[J]. *American Journal of Sociology*, 1990，96(3)：558-588.

［19］全宏艳.社会支持研究综述[J].重庆科技学院学报(社会科学版),2008(3)：69-70.

［20］Cohen S，Willis T A. Stress, social support and buffering hypothesis[J]. *Psychological Bulletin*, 1985，98(2)：307-357.

［21］韩潇.网络知识平台对精神疾病患者的社会支持研究[D].安徽大学,2019.

［22］刘菊.网络空间中艾滋病感染者/患者的社会支持研究[D].华中科技大学,2016.

［23］潘锐.虚拟社区中的社会支持研究[D].安徽大学,2015.

［24］刘瑛,孙阳.弱势群体网络虚拟社区的社会支持研究——以乙肝论坛"肝胆相照"为例[J].新闻与传播研究,2011,18(2)：76-88＋111-112.

［25］陈共德.互联网精神交往形态分析[D].中国社会科学院研究生院,2002.

［26］梁艳.大学生网络使用者虚拟幸福感及其与在线社会支持的关系研究[D].西南大学,2008.

［27］涂炯,周惠容.移动传播时代社会支持的重构：以抖音平台癌症青年为例[J].中国青年研究,2019(11)：76-84.

［28］余歌.虚拟社区中艾滋病患者的网络社会支持互动过程研究[D].华中科技大学,2015.

［29］王欢,郭玉锦.网络社区及其交往特点[J].北京邮电大学学报(社会科学版),2003(4)：19-21＋26.

［30］彪巍,肖永康,陈任,等.我国罕见病患者社会支持研究[J].医学与社会,2012,25(10)：53-55.

［31］Utz S，Breuer J. The relationship between use of social network sites，online social support，and well-being：Results from a six-wave longitudinal study［J］. *Journal of Media Psychology*，2017，29：115-125.

［32］Mo P K H，Coulson N S. Online support group use and psychological health for individuals living with HIV/AIDS［J］. *Patient Education and Counseling*，2013，93(3)：426-432.

［33］潘文静,胡敬凡.网络社区中的社会支持：理论模型与实证研究分析［J］.新闻春秋，2020(2)：72-82.

［34］Indian M，Grieve R. When Facebook is easier than face-to-face：Social support derived from Facebook in socially anxious individuals［J］. *Personality and Individual Differences*，2014，59(2)：102-106.

［35］孙冰,毛鸿影,尹程顺.基于社会支持视角的虚拟技术社区用户角色识别与演变研究［J/OL］.系统工程：1-13［2020-10-02］.

［36］李昊泽.网络社区互动中 HPV 的"污名化"问题研究［D］.吉林大学,2019.

［37］刘敏.抑郁症议题的网络报道内容研究［D］.大连理工大学,2018.

［38］赵迪.PLWHA 群体的网络社会支持研究［D］.山东大学,2019.

［39］华东师范大学调查与数据中心.百度贴吧自闭症吧用户发帖回帖数据集(2017—2019)，http://hdl.handle.net/20.500.12291/10222 V1［Version］.

［40］Blei D M，Ng A Y，Jordan M I. Latent Dirichlet allocation［J］. *Journal of Machine Learning Research*，2003，3：993-1022.

［41］黄佳佳,李鹏伟,彭敏.基于深度学习的主题模型研究［J］.计算机学报,2020,43(5)：827-855.

［42］徐戈,王厚峰.自然语言处理中主题模型的发展［J］.计算机学报,2011,34(8)：1423-1436.

［43］Grun B，Hornik K. Topic models：An R package for fitting topic models［J］. *Journal of Statistical Software*，2011，40(13)：1-30.

作者介绍和贡献说明

黄佳佳：上海大学社会学院,硕士研究生。作者主要贡献：数据整理、文章撰写、文章修改。

罗美容：上海大学社会学院,硕士研究生。作者主要贡献：文章撰写、文章修改。

雷俊茹：上海大学社会学院,硕士研究生。作者主要贡献：文章撰写、文章修改。

吴晓阳：上海大学社会学院,硕士研究生。作者主要贡献：数据整理、文章撰写、文章修改。E-mail：sunnywu@shu.edu.cn。

燕慧颖：上海大学社会学院,硕士研究生。作者主要贡献：数据整理、文章撰写。

流动人口返乡意愿的影响因素及预测研究

叶　雯　刘莹莹　黄舒玥

（浙江大学心理与行为科学系）

摘要：本研究基于 2016 年中国流动人口动态监测调查数据集，综合利用卡方交叉表检验、Logistic 回归模型、Lasso-Logistic 回归模型等，从经济、社会、个人、流动层面对流动人口返乡意愿的主要影响因素进行分析与解释。结果显示：经济因素是主要影响因素，其中本地购房情况对流动人口的返乡意愿起着举足轻重的作用；户口性质、当地医疗保障等社会因素对返乡意愿的影响显著；学历、婚姻状况等个人因素对流动人口的返乡意愿影响显著；是否独自流动、父母流动经历等流动因素对流动人口的返乡意愿也有明显的影响。此外，基于支持向量机算法构建分类模型以预测流动人口是否具有返乡意愿，取得了较好的预测效果。

关键词：流动人口　返乡意愿　Logistic 模型　Lasso-Logistic 模型　支持向量机

Research on Factors Influencing Migrant Population's Willingness to Return Home

Ye Wen，Liu Yingying，Huang Shuyue

（Department of Psychology and Behavioral Sciences，Zhejiang University）

Abstract：Based on the data set from China's Dynamic Monitoring Survey on Migrant Population in 2016，we investigated migrant population's willingness to return home from economic，social，personal，and emigrant aspects，respectively. Data were analyzed by means of Chi-squared Crosstab test，Logistic Regressive Model，and Lasso-Logistic Regressive Model. Our results showed that economic factors such as local house purchases have a critical influence on willingness to return home. Social factors，for example，properties of registration and local medical insurance，play a significant role on willingness to return home. Personal factors such as education and marriage have a significant impact on migrant population's willingness to return home，and well-educated people tend not to return home and rather reside in economicflourished cities. Migrating factors, such as whether being alone when migrating and parents' experience of migration, pose a significant influence on willingness to return home. Besides, the classification models based on Supporting Vector Machine have a good prediction ability to the willingness to return home.

Keywords：migrant population，willingness to return home，Logistic Regressive Model，Lasso-Logistic Regressive Model，SVM

0　引言

农民工是我国产业工人的重要组成部分,是就业工作的重点群体,其中外出务工是人口流动的主要原因。国家统计局 2021 年发布的第七次全国人口普查数据显示,我国流动人口总量大幅扩增至 3.76 亿人,年均增长率高达 6.97%。由于疫情原因,2020 年春节结束后农民工返岗受到严重阻碍。为了解决返乡留乡农民工无法外出务工问题,农业农村部联合人力资源和社会保障部全面部署促进返乡留乡农民工就近就地就业及创业的工作。农业农村部乡村产业发展司及九部委实施农村创新创业带头人培育行动,力争到 2025 年培育农村创新创业带头人 100 万人以上。截至 2020 年 7 月底,全国新增返乡留乡农民工就地就近就业 1 300 多万人,其中除在本地企业就业及务农外,还有 5%的返乡留乡农民工通过云视频、直播直销等新业态创业。近几年,我国流动人口规模呈现出先增长后减少的趋势,外出农民工的增长速度放慢,甚至开始出现"返乡潮"现象。有研究者认为,农民工回流会为家乡带来经济资本、人力资本、技术、创业精神等要素;此外,务工经历不仅有利于农民农业生产能力的提升,还有利于促进农民的职业非农转化与自主创业[1-3]。因此,农民工的回流可以在一定程度上带动农村经济发展。本研究将被调查者的返乡意愿作为因变量,旨在探究影响个体返乡意愿的因素,为促进流动人口返乡创业就业提供实证支持。

1　流动人口返乡意愿的影响因素分析

1.1　数据来源

本文数据来源于第二届"慧源共享"全国高校开放数据创新研究大赛组委会提供的"中国流动人口动态监测调查数据集(2016 年)_a 卷数据"[4]。该数据集包含的样本量为 16 900,取样范围包括全国 32 个省、市(直辖)、自治区 15 周岁以上的流动人口。返乡意愿的判定来自问卷中的问题 Q305:"您今后是否打算在本地长期居住(5 年以上)",将选择选项"返乡"作为愿意返乡的依据,将选择"打算"和"继续流动"作为不愿意返乡的依据。

1.2　描述性统计

首先,对性别、年龄段等人口学变量在返乡意愿上进行统计;其次,对愿意返乡群体的返乡时间、返乡定居地进行统计。具体的描述性统计结果见表1~表7。

从性别上看,男性比女性更倾向于返乡。男性与女性的返乡意愿占比分别为6.58%与5.83%。

表1 城乡流动人口返乡意愿(性别)

性 别	意 愿			合 计
	不打算返乡	返 乡	没想好	
男	56 060	5 799	26 229	88 088
	63.64%	6.58%	29.78%	
女	52 593	4 714	23 605	80 912
	65.00%	5.83%	29.17%	
合 计	108 653	10 513	49 834	169 000

从年龄段上看,20~40岁的被调查者愿意返乡的比例最低,该年龄段正是奋斗的大好年华,而城市为其提供了广阔的平台。40岁以上群体愿意返乡的比例较多,正所谓"叶落归根",随着年龄增长,返乡意愿也更强。

表2 城乡流动人口返乡意愿(年龄段)

年 龄 段	意 愿			合 计
	不打算返乡	返 乡	没想好	
15~20岁	2 682	406	2 639	5 727
	46.83%	7.09%	46.08%	
20~30岁	34 001	3 163	17 962	55 126
	61.68%	5.74%	32.58%	
30~40岁	37 096	2 511	13 689	53 296
	69.60%	4.71%	25.69%	
40岁以上	34 874	4 433	15 544	54 851
	63.58%	8.08%	28.34%	
合 计	108 653	10 513	49 834	169 000

从受教育程度上看,高学历群体的返乡意愿比低学历群体低。高学历群体大多在外地上大学,毕业后留在城市的发展机会更多,返乡意愿降低。

表3 城乡流动人口返乡意愿(受教育程度)

受教育程度	意 愿			合 计
	不打算返乡	返 乡	没想好	
未上过学	1 851	310	954	3 115
	59.42%	9.95%	30.63%	

（续表）

受教育程度	意　　愿			合　　计
	不打算返乡	返　乡	没想好	
小　学	12 878	1 862	6 995	21 735
	59.25%	8.57%	32.18%	
初　中	48 239	5 352	25 855	79 446
	60.72%	6.74%	32.54%	
高中/中专	24 749	2 095	10 838	37 682
	65.68%	5.56%	28.76%	
大学专科	12 415	606	3 489	16 510
	75.20%	3.67%	21.13%	
大学本科	7 823	271	1 610	9 704
	80.62%	2.79%	16.59%	
研究生	698	17	93	808
	86.39%	2.10%	11.51%	
合　计	108 653	10 513	49 834	169 000

　　从婚姻状况上看,已婚、有稳定配偶的群体承受着养家糊口的压力,因此经济发达的城市有着极大的吸引力。反之,未婚群体中愿意返乡的占比相对更高。

表 4　城乡流动人口返乡意愿(婚姻状况)

婚姻状况	意　　愿			合　　计
	不打算返乡	返　乡	没想好	
未　婚	14 013	1 925	11 565	27 503
	50.95%	7.00%	42.05%	
已　婚	89 181	7 975	35 810	132 966
	67.07%	6.00%	26.93%	
再　婚	2 223	147	633	3 003
	74.03%	4.89%	21.08%	
离　婚	1 735	231	973	2 939
	59.03%	7.86%	33.11%	
丧　偶	953	138	396	1 487
	64.09%	9.28%	26.63%	
同　居	548	97	457	1 102
	49.73%	8.80%	41.47%	
合　计	108 653	10 513	49 834	169 000

从子女数量上看,子女数量对流动人口返乡意愿的影响并不大。

表5　城乡流动人口返乡意愿(子女数量)

子女数量	意　愿			合　计
	不打算返乡	返　乡	没想好	
0	8 211	690	3 204	12 105
	67.83%	5.70%	26.47%	
1～2	80 885	7 264	32 821	120 970
	66.86%	6.01%	27.13%	
3 个及以上	5 544	634	2 244	8 422
	65.83%	7.53%	26.64%	
合　计	94 640	8 588	38 269	141 497

对于那些有返乡意愿的流动人口,他们是想尽快返乡,还是等积累一定财富之后再返乡? 根据表6,大部分流动人口打算在5年内返乡,占总体的42.12%;6年以后返乡的人口占比较少。另外,约有32.59%的流动人口没有明确的返乡时间规划。

表6　城乡流动人口返乡时间

返乡时间	人　数	百分比
1 年内	2 080	19.78%
1～5 年	4 428	42.12%
6～10 年	389	3.70%
10 年以后	190	1.81%
没想好	3 426	32.59%
合　计	10 513	100.00%

从表7可以看出,在有返乡意愿的群体中,约有74.49%的人打算返回原居住地定居,而打算定居在乡、区县政府所在地的占比较少,说明经济因素可能是人们流动的主要原因,在经济发达的流入地工作并攒够积蓄后便回到家乡。乡、县政府所在地的经济水平远不如省会城市或经济带地区发达,因此倾向于在这些地方定居的流动人口较少。

表7　城乡流动人口返乡定居地

返乡定居地	人　数	百分比
原居住地(自家)	7 831	74.49%
乡、区县政府所在地	1 789	17.02%
没想好	893	8.49%
合　计	10 513	100.00%

2 基于 Logistic 及 Lasso-Logistic 的回归模型

2.1 数据清洗

根据本文的研究目的,对原始数据集进行必要的数据清洗和类别合并。本文对 Q305 "您今后是否打算在本地长期居住(5 年以上)"中回答"没想好"的群体不予分析,只分析在 Q101"本次流动原因"中选择务工和经商的流动人口。在问题 Q218"在您首次流动/外出前,您的父母是否有过外出务工/经商的经历"中回答"本人出生就流动"和"记不清"的群体,不予分析。经过数据清洗,最终 93 854 条数据纳入后续分析中。具体的数据清洗步骤见本文后附录中的表 1。

2.2 变量设置

根据前人研究和生活经验,我们选取 59 个相关问题项目作为流动人口返乡意愿的潜在影响变量。为避免少数个案导致模型参数产生较大的偏差,将几组相似问题的回答整合为新的变量。整合变量详情见本文后附录中的表 2。

2.3 Logistic 回归模型

2.3.1 构建模型

Logistic 回归模型用于解释和预测类别变量。通过对数转换的数学原理,将原本非线性的预测关系转变为线性预测关系,即预测结果变量的某一类别发生的概率。根据描述性统计及交叉表卡方检验的结果,筛选出以下预测变量,对流动人口的返乡意愿进行二元 Logistic 回归建模。

(1)经济因素:就业单位性质、就业身份、家庭本地每月总支出、家庭每月总收入、家庭本地每月住房支出、个人每月纯收入、本地购房情况、本地现住房的性质、户籍地购房情况。

(2)社会因素:户口性质、户口所在地的地理位置、本地健康档案建立情况、本地社会支持、本地医疗保障。

(3)个人因素:性别、年龄、民族、受教育程度、婚姻状况、亲生子女数量。

(4)流动因素:本次流动范围、本次流动年份、本次流动原因、是否独自流动、外出累计时长、总共流动次数、父母的流动经历。

选出上述 27 个潜在预测变量后,采用逐步后退法进行建模,选取 0.05 为显著性水平。首先,将所有潜在预测变量放入 Logistic 模型中构建全模型,AIC=22 793。家庭每月总收入、当地健康档案、年龄、性别、民族、单位性质、流动原因的 Wald Statistic 不显著。因此将家庭每月总收入这一变量从全模型中剔除后再次建模,得到模型 1,$\chi^2(5)=4.96$, $P=0.42$,AIC=22 972,模型拟合程度增加,保留模型 1。

在模型 1 中,当地健康档案、年龄、性别、民族、单位性质、流动原因的 Wald Statistic

不显著。在模型 1 基础之上,将本地健康档案剔除后再次建模,得到模型 2,$\chi^2(3)=5.26$,$P=0.15$,AIC$=22\,791$,小于模型 1 的 AIC,拟合程度增加,故保留模型 2。

在模型 2 中,年龄、性别、民族、单位性质、流动原因的 Wald Statistic 不显著。删除任一变量都会增加 AIC,故不再剔除。最终模型 2 作为最佳拟合模型,剔除每一个变量后 Likelihood Ratio 都达到显著,且 AIC 增加。模型 2 的数据拟合与预测情况良好:Hosmer & Lemeshow $R^2=0.221$,Cox & Snell $R^2=0.122$,Nagelkerke $R^2=0.274$。Hosmer & Lemeshow 检验:$P=0.33>0.05$。模型 2 中包含的变量有:

（1）经济因素:就业单位性质、就业身份、家庭本地每月总支出、家庭本地每月住房支出、个人每月纯收入、本地购房情况、本地现住房的性质、户籍地购房情况。

（2）社会因素:户口性质、户口所在地的地理位置、本地社会支持、本地医疗保障。

（3）个人因素:性别、年龄、民族、受教育程度、婚姻状况、亲生子女数量。

（4）流动因素:本次流动范围、本次流动年份、本次流动原因、是否独自流动、外出累计时长、总共流动次数、父母的流动经历。

2.3.2　经济学因素的 Logistic 回归分析结果

交叉表卡方检验结果表明,经济学因素中的所有变量都与流动人口返乡意愿存在显著的相关关系。经济学因素对流动人口返乡意愿的影响非常强烈,变量的 Logistic 回归系数与 Odds Ratio 值见表 8。

表 8　经济因素的 Logistic 回归系数及 Odds Ratio 值

变　　量	B 值	OR
现在的就业单位性质(机关、事业单位)		
国有及国有控股	−0.09***	0.91
股份、联营企业	0.19***	1.20
个体工商户	0.16***	1.17
私营企业	0.24***	1.28
其他	0.17***	1.19
无单位	0.05***	1.06
现在的就业身份(雇员)		
雇主	−0.19***	0.83
自营劳动者	−0.06***	0.94
其他	−0.06***	0.94
家庭本地每月总支出(2 000 以下)		
(2 000,3 000]	−0.36***	0.70
(3 000,4 500]	−0.50***	0.61
4 500 以上	−0.58***	0.56

（续表）

变　　量	B 值	OR
家庭本地每月住房支出（0,3 000]		
（3 000,6 000]	0.08***	1.08
（6 000,9 000]	0.79***	2.19
（9 000,12 000]	−0.01	0.99
（12 000,3 5000]	0.20***	1.23
个人上个月或上次就业纯收入（2 500 以下）		
（2 500,3 500]	0.01***	1.01
（3 500,5 000]	0.09***	1.09
5 000 以上	−0.18***	0.83
4 500 以上	−0.58***	0.56
您是否已经或想要在本地购买住房（是）		
否	2.85***	17.36
您现住房属于下列何种性质（自主解决）		
公司提供	0.27***	1.31
政府提供	−1.34***	0.26
您是否已经或想要在户籍地购买住房（是）		
否	−0.62***	0.54

注：*代表 $p < 0.05$，**代表 $p < 0.01$，***代表 $p < 0.001$，括号内为参考组。

就业单位性质对返乡意愿存在显著影响。与机关、事业单位的流动人口相比，就业于国有及国有控股单位的流动人口的返乡意愿比前者更低，而就业于股份及联营企业、个体工商户、私营企业、其他性质单位或无单位的流动人口的返乡意愿比前者更高。

就业身份对流动人口的返乡意愿存在显著影响。与雇员身份的流动人口相比，雇主或自营劳动者更不愿返乡。后者的社会经济地位较高，在流入地已建立坚实基础；而雇员更换工作的频率高、酬劳低，因此返乡意愿更强烈。

家庭本地每月总支出对流动人口返乡概率的影响显著。与月支出 2 000 元以下的流动人口相比，家庭每月支出越多，返乡概率越低。

家庭本地每月住房支出的影响不容忽视，相比每个月住房支出在 3 000 元以下的流动人口来说，住房支出更高的流动人口返乡概率也更高。

个人每月纯收入都对返乡意愿的影响不大。

流入地的购房情况与返乡意愿之间存在强烈的预测关系。与在流入地已经购买或想要购买住房的流动人口相比，没有或不打算在流入地购买住房的流动人口返乡的概率是前者的 17.36 倍。

流入地的现住房性质对流动人口的返乡概率影响显著。与自行解决住房问题的群体相比,由公司提供住房的群体的返乡概率更高,而由政府提供住房的群体返乡概率降低。公司解决住房问题的群体,往往居住条件不甚理想;由政府提供住房的流动人口,一般都是高技术人才或体制内人员,在流入地的社会经济地位相对更高,更倾向于留在当地发展。

户籍地的购房情况与流动人口返乡意愿之间存在强烈的预测关系。与那些在户籍地已经或想要购买住房的群体相比,没有或不打算购房群体的返乡概率是前者的 0.54 倍。前者的经济地位在当地处于较高水平,或打算以后长期在户籍地居住生活。

2.3.3 社会学因素的 Logistic 回归分析结果

交叉表卡方检验结果表明,社会学因素中所有变量都与流动人口返乡意愿存在显著的相关关系。社会学因素对流动人口返乡意愿的影响较大,变量的 Logistic 回归系数与 Odds Ratio 值见表 9。

表 9　社会因素的 Logistic 回归系数及 Odds Ratio 值

变　　量	B 值	OR
户口性质(农业)		
非农业	−0.04***	0.96
居民	0.44***	1.55
农业转居民	0.12***	1.13
非农业转居民	0.76***	2.15
您老家(户口所在地)所处的地理位置(农村)		
乡镇政府所在地	−0.13***	0.88
县政府所在地	−0.06***	0.94
地方政府所在地	0.00***	1.00
省会城市政府所在地	0.54***	1.72
直辖市政府所在地	−0.01***	0.99
本地社区支持[0,4]		
(4,6]	−0.07***	0.93
(6,9]	−0.07***	0.93
(9,17]	−0.24***	0.79
本地医疗保障(本地和户籍地都无)		
只有户籍地有	0.19***	1.14
只有本地有	−0.35***	0.71
本地和户籍地都有	−0.20***	0.82

注:*代表 $p<0.05$,**代表 $p<0.01$,***代表 $p<0.001$,括号内为参考组。

从户口性质来看,居民户口的流动人口返回家乡的可能性是农业户口的 1.55 倍。拥有居民户口的流动人群,能够在家乡享受居民医疗保险以及优质的教育资源,因此更倾向于返回家乡。

从流动人口老家户口所在地的地理位置来看,与农村户口的群体相比,户口在省会城市的群体更倾向于返回家乡,其生活水平本身就比农村户口的流动人口更高,经济因素的吸引力不如对农村户口的流动人口大,因而更倾向于返乡。而户口在乡镇政府、县政府的群体则倾向于不返乡。

从本地的社区支持来看,与获得支持较少的群体相比(0~4分),获得较多支持的群体(9~17分)返乡概率更低。完备的本地社区支持为流入地增加吸引力。

在本地医疗保障方面,与在本地和户籍地都没有建立医疗保障的群体相比,只在户籍地拥有医疗保障的群体更有可能返乡,而只在本地或在本地和户籍地都拥有医疗保障的群体的返乡意愿降低。切实的医疗保障增强个体的归属感与安全感,在流入地无医疗保障的群体自然更倾向于返回家乡。

2.3.4　个人因素的 Logistic 回归分析结果

交叉表卡方检验结果表明,个人因素中所有预测变量都与流动人口返乡意愿存在显著的相关关系。个人因素对流动人口返乡意愿的影响不如经济因素与社会因素,每个变量的 Logistic 回归系数与 Odds Ratio 值见表 10。

表 10　个人因素的 Logistic 回归系数及 Odds Ratio 值

变　　量	B 值	OR
性别(男性)		
女性	0.01***	1.01
年龄(15~20 岁)		
20~30 岁	−0.18***	0.84
30~40 岁	−0.25***	0.78
40 岁以上	0.33***	1.39
民族(汉)		
其他	−0.13***	0.88
受教育程度(未上过学)		
小学	0.03***	1.03
初中	−0.10***	0.90
高中/中专	−0.08***	0.92
大学专科	−0.28***	0.76
大学本科	−0.44***	0.64
研究生	0.04***	1.04
婚姻状况(未婚)		
初婚	−0.09***	0.91

（续表）

变　　量	B 值	OR
再婚	−0.73***	0.48
离婚	−0.65***	0.52
丧偶	−0.64***	0.53
您有几个亲生子女	−0.05***	0.95

注：*代表 $p<0.05$，**代表 $p<0.01$，***代表 $p<0.001$，括号内为参考组。

性别和民族对返乡概率的影响不大。

在年龄方面，40 岁以上群体的返乡概率比 40 岁以下的群体要高。

教育水平对返乡意愿的影响明显。与未上过学的流动人口相比，拥有大学本科学历群体的返乡概率较低，是前者的 0.64 倍。高学历群体的专业知识与技能丰富，更容易在发达地区获得高收入，因此返乡意愿较低。较高教育水平所形成的人力资本，是促使城市农民工发生持久性迁移的重要因素[5]。

婚姻状况对流动人口返乡意愿影响显著。与未婚流动人口相比，再婚、离婚、丧偶的流动人口返乡的概率较前者更低，分别是前者的 0.48、0.52、0.53 倍。由于流动人口的户籍地多是农村或乡镇，对婚姻的态度谨慎保守，再婚、离婚、丧偶人群可能在户籍地感受到巨大的思想压力，使其不愿返乡。

亲生子女越多的群体，越倾向于不返乡。这有可能是因为，随着子女数的增加，子女的抚养费用增大，而在经济发达地区工作可以缓解经济压力。

2.3.5　流动因素的 Logistic 回归分析结果

交叉表卡方检验结果表明，流动因素中的所有变量都与流动人口返乡意愿存在显著的相关关系。变量的 Logistic 回归系数与 Odds Ratio 值见表 11。

表 11　流动因素的 Logistic 回归系数及 Odds Ratio 值

变　　量	B 值	OR
本次流动范围（跨省）		
省内跨市	−0.22***	0.80
市内跨县	−0.24***	0.79
本次流动年份（2008 年以前）		
2008—2012	0.22***	1.25
2012—2014	0.36***	1.44
2014—2016	0.52***	1.68
本次流动原因（务工）		
经商	0.09***	1.10

（续表）

变　量	B值	OR
本次是否是独自流动（是）		
否	−0.33***	0.72
外出累计时间多长（不到1年）		
1～2年	0.09***	1.10
3～4年	−0.02***	0.98
5～9年	−0.18***	0.84
10～14年	−0.35***	0.71
15～19年	−0.49***	0.61
20～29年	−0.52***	0.60
30年以上	−0.23***	0.79
流动总次数（1）		
2	0.05***	1.06
3	0.17***	1.19
4	0.31***	1.36
5及以上	0.19***	1.21
您的父母是否有过流动经历（父母均没有）		
父母均有	−0.23***	0.80
父母中有一方有	−0.10***	0.90

注：*代表 $p<0.05$，**代表 $p<0.01$，***代表 $p<0.001$，括号内为参考组。

从流动范围来看，与跨省流动的人口相比，省内跨市、市内跨县的群体返乡概率较低。对于后者，流入地与家乡的距离更近，饮食、生活习惯及民间习俗也更接近；而跨省流动人口所在地的地方文化和习俗与家乡相去甚远，因此返乡意愿更为强烈。流动范围对流动人口的迁移决策具有重要的影响，省内流动的群体更愿意选择举家迁移[6]。

流动年份对流动人口返乡意愿影响显著。与2008年以前就开始流动的人群相比，2008年以后的流动人口返乡概率较高。流动年份越晚，返乡意愿越强烈。与前人研究一致，停留时间越长，流动人口的居留意愿越强烈[7]。

流动原因对流动人口返乡意愿的影响并不显著。

在独自流动方面，非独自流动的人群返乡概率比独自流动人群更低。可能是独自流动的群体内心孤独，渴望返回家乡。

从外出流动累计时长来看，与外出流动时间不到1年的群体相比，外出流动10年以上的返乡概率更低。符合前人研究中流动时间越长，居留意愿越强烈的结果[8]。

从总共流动次数来看，与只流动1次的流动人口相比，流动多次的群体的返乡概率较前者更高,呈现出增加的趋势。

在父母流动经历方面,与父母均没有外出务工、经商经历的群体相比,父母均有或一方有流动经历的群体返乡概率更低。由于父母外出务工的经历,潜移默化影响对家乡的观念和依恋程度,对移居外地保持开放态度。前人研究表明,流动人口的居留意愿会受到家庭成员流动经历的影响[9]。

2.3.6　典型经济带地区流动人口返乡意愿特点

我们不仅对全国的流动人口返乡意愿建立了 Logistic 回归模型,还对流入珠三角、长三角、京津冀经济带的流动人口分别进行了参数相同的 Logistic 回归建模,发现以下特点:

(1)对这 3 个经济发达的经济带而言,经济因素对返乡意愿有举足轻重的影响。与已在本地购房的流动人口相比,未购房的流动人口返乡概率分别是前者的 30.7、27.3、23.3 倍。

(2)在京津冀地区,机关事业单位的流动人口返乡概率极低。与机关、事业单位相比,在股份联营企业工作的群体返乡概率是前者的 3.88 倍。作为政治中心,北京的机关、事业单位的工作人员社会地位和稳定性较高,因此不愿轻易返乡。

(3)经济发达的经济带地区更能够留住高学历的人才。与未受过教育的群体相比,长三角、京津冀地区高学历群体的返乡概率是前者的 0.4、0.3 倍,而这一比例在全国范围是 0.6,说明经济发达地区对高学历人才的吸引力极大。

2.4　Lasso-Logistic 回归模型

2.4.1　Lasso-Logistic 原理

传统的 Logistic 回归分析将所有自变量均纳入模型并确定各自变量对因变量的影响。但是,本研究中返乡意愿的影响因素众多,如果在模型中选入一些无关的自变量,不仅会干扰变量间的关系,而且会浪费搜集这些变量信息所带来的人力、物力、财力。Lasso(the least absolute shrinkage and selection operator)是由 Tibshirani[10] 提出的一种变量选择和参数估计相结合的算法,在大规模数据中具有良好的变量选择性质。该算法主要应用于线性模型,其基本原理是在最小二乘估计法的基础上,对系数添加一个 L1 范数惩罚项,将一些对因变量没有显著影响的自变量系数压缩为 0,达到变量选择的目的。因此,本研究在解释影响个体返乡意愿的因素时采用 Lasso 方法,可以将那些对返乡意愿有显著影响的因素筛选出来,使我们构建的回归模型更加精准。另外,本研究中个体的返乡意愿是二分变量,故使用 Lasso-Logistic 回归模型进行数据分析。

2.4.2　Lasso-Logistic 回归分析结果

在先前 93 854 条数据的基础上,将包含缺失值的数据删除后,最终纳入模型分析的有效数据为 74 104 条。本文采用 R 软件的 Glmnet 程序包进行 Lasso-Logistic 模型数据分析,通过广义交叉验证,得到图 1。随着横坐标调和参数 λ 值的变化,纵坐标为模型的分类误差情况。图 1 最上方,给出了模型筛选出来的对应变量数,可以看出,当有效变量为 24 个时,分类误差率最小。图中两条虚线中间部分的取值为 λ 正负标准差的值域范围,左边虚线对应的横坐标则表示使模型误差最小时的调和参数 λ 的取值。表 12 是

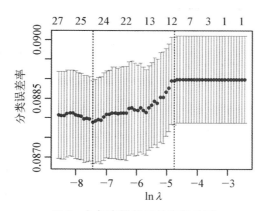

图1　λ 与变量数目的变化关系

Lasso-Logistic 模型参数估计的结果。

　　从经济学因素上看：全家在本地每月总支出、住房支出可以正向预测个体的返乡意愿，即支出越多，返乡意愿越强；个人上个月或上次就业纯收入越高，返乡意愿越弱；在住房问题上，那些在本地尚无购房或购房打算，以及在家乡有房产的流动人口返乡意愿较强；相比于政府提供住房的流动者，自主解决住房问题的人返乡意愿更强。

　　从社会学因素上看：流动人群户口所在地的位置越远离城市，返乡意愿越弱；在当地感受到社区支持、医疗保障等越强，其返乡意愿越弱。

　　从个人因素上看：与男性相比，女性返乡意愿更强；个体年龄越大，返乡意愿越强；个体受教育程度越高，返乡意愿越弱；在婚姻状况上，再婚、离婚的个体返乡意愿较弱；流动人口的亲生子女数量越多，返乡意愿越弱。

　　从流动因素来看：相比于跨省流动人口，市内跨县的个体返乡意愿较弱；外出经商的个体返乡意愿较强；个体流动时间越长，返乡意愿越强；单独流动的个体返乡意愿更强；个体流动次数越多，返乡意愿越强；父母流动经历对子女的返乡意愿有显著影响，父母有流动经历的个体，其返乡意愿较弱。

2.5　基于 Logistic & Lasso-Logistic 回归模型的结论

　　根据 Logistic 回归模型以及 Lasso-Logistic 回归模型的分析结果，我们得出以下结论：

　　（1）经济因素是影响流动人口返乡意愿的主要因素。如本地购房情况、家庭每月支出情况等都非常强烈地影响流动人口的返乡意愿，这与前人研究一致[11]。

　　（2）从社会因素角度看，流动人口拥有的户口性质、本地医疗保障情况等对其返乡意愿存在显著的影响。

　　（3）在个人因素层面，学历水平、婚姻状况等对流动人口的返乡意愿有着不同程度的影响。另外，我们还发现，在发达的经济带地区的高学历人才返乡意愿极低。

　　（4）流动因素，如是否独自流动、父母流动经历、流动开始的年份等亦显著影响流动人口的返乡意愿。

表12　Lasso-Logistic 模型参数估计

个人因素

预测变量		系数
性别	男性	0.07
	女性	0
年龄		0.03
受教育程度	未上过学	0.02
	小学	0.10
	初中	0.01
	高中/中专	0
	大学/专科	−0.23
	研究生	0
婚姻状况	未婚	—
	初婚	0.40
	再婚	−0.08
	离婚	−0.02
	丧偶	0.47
亲生子女数量		−0.06
民族	汉	0
	其他	0

社会因素

预测变量		系数
户口性质	农业	0
	非农业	−0.05
	居民	0
	农业转居民	0.48
	非农业转居民	0.19
社区支持		−0.01
本地医疗保障情况	本地和户籍地都无	−0.32
	只有户籍地有	0.15
	只有本地有	−0.41
	本地和户籍地都有	0
户口所在地处的地理位置	农村	0
	乡镇政府所在地	−0.08
	县政府所在地	0.15
	地方政府所在地	0.01
	省会城市政府所在地	0.39
	直辖市政府所在地	0.11

心理因素

预测变量		系数
外出累计时间		−0.11
本次是否独自流动	是	0.40
	否	0
父母流动经历	均没有	−0.04
	父母均有	0
	一方有	0.09
流动次数	1	0.39
	2	0.29
	3	0.15
	4	0
	5 及以上	0.06
本次流动范围	跨省	0
	省内跨市	−0.11
	市内跨县	0.05
本次流动原因	务工	−0.08
	经商	0

经济因素

预测变量		系数
就业单位性质	机关、事业单位	−0.49
	国有及国有控股	−0.17
	股份及联营企业	0
	个体工商户	0
	私营企业	0.11
	其他	−0.09
就业身份	无单位	0.01
	雇员	0.28
	雇主	0
	自营劳动者	0
	其他	0.02
个人上月或上次就业纯收入		−0.33
本地购房情况	是	−0.27
	否	0
户籍地购房情况	是	0.54
	否	0
家庭每月住房支出		−0.48
现住房性质	自主解决	−0.23
	公司提供	0.53
	政府提供	0
		−1.21

3 基于 LIBSVM-F 的预测模型

当前,国家和地方政府相继出台了多项政策,用于鼓励和支持有返乡创业、就业意愿的人群[12]。一方面为了让这些支持性的政策更有针对性地发挥好作用;另一方面为了让有居留意愿或倾向于继续流动的人群创造更多的人口红利,加快市民化、城镇化进程,精准预测流动人口的返乡意愿就显得尤为重要。因此,本文还利用支持向量机算法,将性别、年龄、家庭每月总收入、亲生子女数量等作为特征,将"愿意返乡"和"不愿意返乡"作为标签,基于 LIBSVM-FarutoUltimate 工具箱(简称 LIBSVM-F)建立分类模型,用以预测流动人口是否具有返乡意愿。该预测模型的建立,有助于更精准地掌握流动人口的动态,更科学合理地发挥劳动力的价值;同时对于包括通信运营商在内的相关企业实现目标用户的精准营销与挖掘也有较大的参考价值[13]。

3.1 SVM 原理

支持向量机(support vector machine,SVM)是由 Vapnik 首先创立的一种监督式的机器学习方法,可用于解决模式分类和非线性回归等问题。其主要思想是建立一个作为决策曲面的分类超平面,最大化特征空间上的间隔,从而近似实现结构风险最小化。对于非线性的数据集,SVM 会通过一种非线性的映射,把原来的数据映射到较高维并在新维上搜索最大分类超平面,即"决策曲面"。SVM 具有很好的通用性、鲁棒性和有效性,且计算简单、理论完善,能够在模式分类问题上提供较好的泛化和推广性能[14]。

3.2 LIBSVM-F 工具箱简介

LIBSVM 工具箱是由台湾大学林智仁教授等人设计开发的一个简单、高效、便捷的软件包,提供了交叉验证(cross validation,CV)的功能,可以有效地解决不平衡样本加权、交叉验证参数优化、多类问题的参数优化等问题。本文主要应用李洋(Faruto)[14]等人在 LIBSVM工具箱基础上经过优化完善并添加一系列辅助函数的 LIBSVM-FarutoUltimate 工具箱(使用 LIBSVM-F 3.1 版本在 MATLAB 环境下实现),极大提升了 LIBSVM 工具箱在分类问题上的强大作用。

3.3 算法步骤

将问卷中 Q305"您今后是否打算在本地长期居住(5 年以上)"回答"打算"或者"继续流动"的认定为无返乡意愿,类别标签定义为"1";而回答"返乡"的认定为有返乡意愿,类别标签定义为"2"。本文建立分类模型的基本步骤[14]如图 2 所示:

(1)根据 LIBSVM-F 软件包的格式要求准备好数据集;

(2)将建模数据样本按照 3∶1 的比例选定训练集和测试集;

(3)对训练集和测试集数据进行一定的缩放操作,即归一化预处理,以消除不同量纲造成的影响；

（4）利用主成分分析法（principal component analysis，PCA）进行降维预处理，选取能够达到对原始变量近 90% 的解释程度的主成分；

（5）使用 K-fold 交叉验证的方法调节参数（本文中 $K = 10$），选择最佳的惩罚参数 c 与核函数参数 g，以获得最佳分类效果；

（6）用选出的最佳参数对训练集进行训练，得到 SVM 模型；

（7）利用建立的 SVM 分类判别模型对测试集进行预测；

（8）输出分类准确率。

3.4　构建模型

3.4.1　SVM 样本尺寸寻优思想

如前所述，本研究完全基于第二届"慧源共享"全国高校开放数据创新研究大赛组委会提供的"中国流动人口动态监测调查数据集（2016 年）"，经过数据清洗后纳入分类模型建立的样本量多达 93 854，数据量十分庞大。在样本量较少时，SVM 能够轻松地抓住数据和特征之间的非线性关系；当样本量较多，特别是面对如此庞大的数据集时，SVM 处理速度会非常慢，极大降低运算效率。针对这一问题，研究者部分借鉴了顾嘉运等[15]提出的训练样本尺寸寻优算法思想，其在 2014 年的研究发现，在样本尺寸很大的情况下，如果训练精度和训练样本的尺寸并不成正比，那么直接对大样本进行训练并不能充分利用到所有数据的价值，造成对样本数据的浪费。本研究具体实施方法为，将总体的 93 854 个样本随机打乱次序后分成 500 等份（取整数），再分别使用总体的 1/500、2/500、3/500、…、20/500 进行分类模型的训练和测试。

3.4.2　流动人口返乡意愿判别预测模型

由于研究者实验室计算机性能的限制，同时考虑到运算的时间成本等因素，我们只利用了 500 等份中的 1～20 份数据进行分类模型的训练，得到的测试集结果如图 3 所示。从图中可看出，随着训练样本尺寸的逐渐增大，SVM 模型的分类准确率并没有表现出相应幅度的增加；且当训练尺寸为 752（约总体样本的 4/500）时，测试集的分类准确率为 90.96%。此后，随着纳入训练的样本数增多，测试集的分类准确率保持在 90% 上下，没有出现大幅度的波动。因此，结合前人的研究结果，可以认为，从随机打乱次序的总体样本中，抽取适当尺寸的样本集作为训练集来训练 SVM 分类器，构建全国流动人口返乡意愿判别预测模型，能够达到 90% 左右的精度。该结果证明了基于 LIBSVM-F 的方法的可行性，说明 SVM 分类模型能够达到预期的效果，在实际中可以作为判别流动人口是否具有返乡意愿的依据。

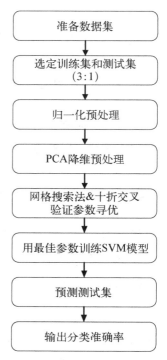

准备数据集

选定训练集和测试集（3:1）

归一化预处理

PCA降维预处理

网格搜索法&十折交叉验证参数寻优

用最佳参数训练SVM模型

预测测试集

输出分类准确率

图 2　基于 LIBSVM-F 建立分类模型的算法步骤流程图

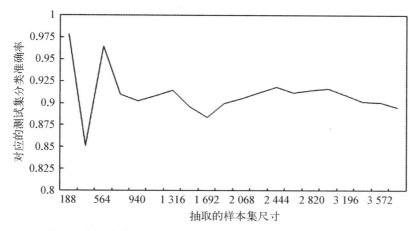

图3　全国流动人口返乡意愿判别预测模型样本尺寸优化结果

3.4.3　分经济带建模

（1）京津冀

最终纳入京津冀经济带分类模型建立的样本量共17 036，属性共28个。此样本数与全国相比大幅降低，因此研究者尝试将全部样本以训练集和测试集为3：1的比例作为分类模型的输入，并得出如表13所示的结果。表中列出了采用网格搜索（grid search）方式在K折交叉验证（$K=10$）方法下寻得的最佳参数c和g、对应的最高分类准确率"best CV accuracy"以及训练集和测试集分别对应的分类结果。在本研究中，SVM分类器性能好坏的一个主要评价因素为K折交叉验证训练模型的分类准确率，也就是识别率。当$c=1$、$g=27.857\,6$时，SVM分类器对4 259个流动人口样本进行测试，其中有3 921个样本获得了自动精确的分类判别，识别的准确率达到了92.06%，分类效果较好。

表13　京津冀经济带流动人口返乡意愿判别模型的参数结果及预测结果

best CV accuracy	最优参数 c	最优参数 g	训练集分类准确率（正确分类数/训练集总数）	测试集分类准确率（正确分类数/测试集总数）
92.19%	1	27.857 6	98.29%（12 558/12 777）	92.06%（3 921/4 259）

（2）长三角

最终纳入长三角经济带分类模型建立的总样本数为14 824，属性28个。建模结果如表14所示。当$c=0.009\,8$，$g=337.794$时，SVM分类器对3 706个流动人口样本进行测试，有3 158个样本获得了正确识别，分类准确率大于85%，亦取得较好的分类结果。

表14　长三角经济带流动人口返乡意愿判别模型的参数结果及预测结果

best CV accuracy	最优参数 c	最优参数 g	训练集分类准确率（正确分类数/训练集总数）	测试集分类准确率（正确分类数/测试集总数）
86.13%	0.009 8	337.794	86.13%（9 576/11 118）	85.21%（3 158/3 706）

（3）珠三角

最终纳入珠三角经济带分类模型建立的总样本数为 5 527,属性 28 个。建模结果如表 15 所示。当 $c=0.574\ 3$,$g=9.189\ 6$ 时,SVM 分类器对 1 386 个流动人口样本进行测试,其中有 1 239 个样本获得了正确识别,分类准确率为 89.65%,接近 90%,说明该模型的识别率也较高。

表 15　珠三角经济带流动人口返乡意愿判别模型的参数结果及预测结果

best CV accuracy	最优参数 c	最优参数 g	训练集分类准确率（正确分类数/训练集总数）	测试集分类准确率（正确分类数/测试集总数）
90.78%	0.574 3	9.189 6	90.98%（3 771/4 145）	89.65%（1 239/1 386）

3.5　基于 LIBSVM-F 预测模型的结论

（1）当我们将流动人口是否具有返乡意愿的问题作为一个二分类问题来研究时,SVM 的思想可以用于预测模型的建立,并能获得较高的预测精度。并且,将方法推广应用到对京津冀、长三角、珠三角等经济带的流动人口返乡意愿预测模型的构建中,均获得了较好的预测效果。因此,本文基于 SVM 的分类模型在实际中确实可以作为判别流动人口是否打算返乡的重要依据。

（2）LIBSVM-F 工具箱提供了一个非常好的平台,帮助有需求的研究者高效地解决了不平衡样本加权、交叉验证参数优化等问题,在提高 SVM 使用效率的同时,也降低了使用的难度和自行编码的烦琐度。

（3）在获得流动人口返乡意愿的预测模型后,可以根据模型提供的信息,有针对性地出台和实施相应的政策;也可以帮助相关企业实现其目标用户的精准挖掘。

4　结论

本文在 2016 年中国流动人口动态监测调查数据集的基础上,从经济、社会、个人和流动 4 个层面入手,使用 Logistic 回归模型与 Lasso-Logistic 回归模型对全国及 3 个主要的经济带地区(京津冀、长三角、珠三角)流动人口返乡意愿的影响因素进行了系统而详细的分析。此外,本文还基于 LIBSVM-F 工具箱,利用 SVM 的方法构建了全国和典型经济带地区流动人口返乡意愿的判别预测模型。研究认为:

第一,经济、社会、个人和流动 4 个方面的因素在对流动人口返乡意愿的影响中均发挥着独特的作用。流动人口在其流动地的购房情况、家庭每月支出等经济因素较强烈地影响其返乡意愿;流动人口的户口性质、医疗保障所在地等社会因素显著影响着其返乡意愿,这也间接说明了健全流动人口的社会保障机制对促进劳动力良性配置的重要性;流动人口的受教育程度、婚姻状况等个人因素对其返乡意愿的影响显著,学历水平越高的人返乡意愿越低,这一点在经济发达的经济带地区表现得尤为明显;流动因素的影响也不可忽视,独自流动的个体返乡意愿相对更高,而父母先前有过流动经历的流动人员返乡意愿更低。

　　第二,本文基于LIBSVM-F工具箱建立的全国及分经济带流动人口返乡意愿判别预测模型,均获得了较佳的预测精度,可以作为判别流动人口是否有意愿返乡的重要参考,帮助国家和地方相关部门精准掌握流动人口动态、科学发挥劳动力价值。同时,此模型能够推广到其他相似的数据库中,具有较高的实际应用价值。

参考文献

［1］沈新坤,雷立芬."农民工返乡潮"背景下农村建设的新思路——台湾农村建设经验的启示[J].安徽农业科学,2012,40(16):9110-9112.

［2］石智雷,杨云彦.外出务工对农村劳动力能力发展的影响及政策含义[J].管理世界,2011(12):40-54.

［3］周广肃,谭华清,李力行.外出务工经历有益于返乡农民工创业吗?［J］.经济学(季刊),2017,16(2):793-814.

［4］国家卫生健康委流动人口服务中心.中国流动人口动态监测调查数据集(2016年),http://hdl.handle.net/20.500.12291/10227 V1[Version].

［5］马九杰,孟凡友.农民工迁移非持久性的影响因素分析——基于深圳市的实证研究[J].改革,2003(4):77-86.

［6］张睿.城市务工经历对农业流动人口举家迁移决策的影响研究[D].沈阳农业大学,2019.

［7］任远,戴星翼.外来人口长期居留倾向的Logit模型分析[J].南方人口,2003(4):39-44.

［8］胡玉萍.留京,还是回乡——北京市流动人口迁移意愿实证分析[J].北京社会科学,2007(5):40-45.

［9］盛亦男.父代流迁经历对子代居留意愿的代际影响与机制研究[J].人口研究,2017,41(2):84-96.

［10］Tibshirani R. Regression shrinkage and selection via the lasso[J]. *Journal of the Royal Statistical Society: Series B*（*Methodological*）,1996,58(1):267-288.

［11］周元鹏.流动人口居留意愿内部分化研究——以温州市为例[J].南方人口,2010,25(6):54-60.

［12］薛磊.甘肃省返乡创业农民工的影响因素分析[J].现代商贸工业,2020,41(28):115-116.

［13］王文学,陈天池,徐海燕.基于随机森林算法的农村用户返乡预测[J].信息通信,2019(3):250-252.

［14］王小川.MATLAB神经网络43个案例分析[M].北京:北京航空航天大学出版社,2013:102-103.

［15］顾嘉运,刘晋飞,陈明.基于SVM的大样本数据回归预测改进算法[J].计算机工程,2014,40(1):161-166.

作者介绍和贡献说明

叶雯：浙江大学心理与行为科学系硕士生,主要研究方向为认知心理学、注意与无意识等。主要贡献：整体研究工作的统筹分工、SVM 相关数据分析、论文的撰写和修改。

刘莹莹：浙江大学心理与行为科学系硕士生,主要研究方向为风险决策、管理与决策等。主要贡献：讨论研究思路、Lasso 回归相关数据分析、论文的撰写和修改。

黄舒玥：浙江大学心理与行为科学系博士生,主要研究方向为认知心理学。作者贡献：确定研究框架、逻辑回归相关数据分析、论文的撰写和修改。E-mail：syhuang85@zju.edu.cn。

附录

表 1　数据清洗步骤

	筛　选　标　准	排除个案数	剩余样本量
总　共			169 000
第一步	删除问题 Q305"您今后是否打算在本地长期居住(5年以上)"中回答"没想好"的个案	49 834	119 166
第二步	只保留问题 Q101N1"本次流动原因"中回答"务工"和"经商"原因的个案	21 639	97 527
第三步	删除问题 Q218"在您首次流动/外出前,您的父母是否有过外出务工/经商的经历"中回答"本人出生就流动"和"记不清"的个案	3 673	93 854

表 2　整合变量详情

编码	问　题	整合后变量	整合后类别
Q220A1	您是否参加新型农村合作医疗保险	本地医疗保障	1=只有在本地有医疗保障
Q220A2	您在何地参加新型农村合作医疗保险		
Q220B1	您是否参加城乡居民合作医疗保险		2=只有在户籍地有医疗保障
Q220B2	您在何地参加城乡居民合作医疗保险		
Q220C1	您是否参加城镇居民医疗保险		3=在本地和户籍地都有医疗保障
Q220C2	您在何地参加城镇居民医疗保险		
Q220D1	您是否参加城镇职工医疗保险		
Q220D2	您在何地参加城镇职工医疗保险		4=在本地和户籍地都没有医疗保障
Q220E1	您是否参加公费医疗		
Q220E2	您在何地参加公费医疗		

编 码	问 题	整合后变量	整合后类别
Q303B	您是否在户籍地——区县政府所在地购买住房	在户籍地的购房意愿	0＝否
Q303C	您是否在户籍地——乡政府所在地购买住房		
Q303D	您是否在户籍地——村购买住房		
Q304B	您是否打算在户籍地——区县政府所在地购买住房		1＝是
Q304C	您是否打算在户籍地——乡政府所在地购买住房		
Q304D	您是否打算在户籍地——村购买住房		
Q303A	您是否在本地购买住房	在本地的购房意愿	0＝否
Q304A	您是否打算在本地购买住房		1＝是
Q402A	过去一年,您在现居住社区是否接受过职业病防治方面的健康教育	本地社区健康教育	回答"是"的个数作为该问题的分数,0～17 分的连续变量
Q402B	过去一年,您在现居住社区是否接受过性病/艾滋病防治方面的健康教育		
Q402C	过去一年,您在现居住社区是否接受过生殖与避孕/优生优育方面的健康教育		
Q402D	过去一年,您在现居住社区是否接受过结核病防治方面的健康教育		
Q402E	过去一年,您在现居住社区是否接受过控制吸烟方面的健康教育		
Q402F	过去一年,您在现居住社区是否接受过精神病障碍防治方面的健康教育		
Q402G	过去一年,您在现居住社区是否接受过慢性病防治方面的健康教育		
Q402H	过去一年,您在现居住社区是否接受过营养健康方面的健康教育		
Q402I	过去一年,您在现居住社区是否接受过防雾霾方面的健康教育		
Q403A	您在现居住社区是否通过健康知识讲座接受上述健康教育		
Q403B	您在现居住社区是否通过宣传资料接受上述健康教育		
Q403C	您在现居住社区是否通过宣传栏接受上述健康教育		
Q403D	您在现居住社区是否通过面对面咨询接受上述健康教育		
Q403E	您在现居住社区是否通过社区网站咨询接受上述健康教育		

(续表)

编　码	问　　题	整合后变量	整合后类别
Q403F	您在现居住社区是否通过社区医生传授接受上述健康教育	本地社区健康教育	回答"是"的个数作为该问题的分数，0～17 分的连续变量
Q403G	您在现居住社区是否通过社区短信/微信接受上述健康教育		
Q403H	您在现居住社区是否通过电子显示屏接受上述健康教育		

基于 AFT 和 GWR 模型的中国流动人口婚育行为研究

郭涵昀　王宇航　陆　进

（蚌埠医学院）

摘要：［目的］为响应党和国家"加强人口战略研究"的号召，挖掘国内低结婚率和低生育率的深层原因，以期为相关部门制定或调整人口政策，加强对流动人口的婚育管理和服务提供参考。［方法］通过对 2016 年全国流动人口动态调查数据进行变量梳理和筛选，建立加速失效时间模型（AFT）和地理加权回归模型（GWR）实证研究全国 31 个省份流动人口的初婚年龄、初育年龄、初婚初育间隔和一孩二孩生育间隔。［结果］ArcScene 三维可视化图形立体直观地显示流动人口的婚育行为特征地理分布。AFT 模型创新性地发现了一些对婚育行为特征具有显著影响的因素，并将这些自变量纳入 GWR 模型，发现其具有较强的地域分布特点。

关键词：流动人口　婚育行为　加速失效时间模型　地理加权模型　三维可视化图形

Research on Marriage and Childbearing Behavior of Floating Population in China：Based on AFT and GWR Model

Guo Hanxu，Wang Yuhang，Lu Jin

（Bengbu Medical College）

Abstract：［Objective］In order to respond to the call of the party and the state to "strengthen population strategic research"，to explore the deep causes of low marriage rate and low fertility rate in China，so as to formulate or adjust population policies for relevant departments， strengthen the marriage and childbearing management and services of the floating population to provide reference. ［Methods］By combing and screening the variables of the dynamic survey data of floating population in 2016，the accelerated failure time model（AFT）and geographically weighted regression model（GWR）were established to empirically study the age of first marriage，the age of first birth，the interval between first marriage and first birth and the interval between one child and two children of floating population in 31 provinces. [Results] ArcScene showed the geographical distribution of marriage and childbearing behavior characteristics of floating population. The AFT model creatively found some factors that have significant influence on the characteristics of marriage and childbearing behavior, and incorporated these independent variables into the GWR model, and found that it has strong regional distribution characteristics.

Keywords: floating population, marriage and childbearing behavior, accelerated failure time model, geographically weighted regression model, 3D visualization graphics

0　引言

国家卫生健康委员会发布的《中国流动人口发展报告 2018》称,全国范围内的流动人口在 2017 年已经达到 2.44 亿人,"90 后"所占比重仅次于"80 后",占 24.3%,且年龄范围处于 21～30 岁,正逢结婚生育的最佳年龄段。其婚育事件不仅直接影响自身的未来发展,更间接影响整个社会的和谐稳定。提高对流动人口群体的关注和研究能够为促进社会发展奠定基础,并为政府科学决策提供一定的指导。

1970—1980 年,国内城市化进程加快以及城市经济体制的迅速改革,急需一大批建设城市的劳动力,此外,城乡生活水平差距的拉大也促使大量农村剩余劳动力涌入经济发达地区,进而自然而然地形成"流动人口"这个特殊群体。伴随着流动人口群体的壮大,国家于 20 世纪 90 年代末出台了《流动人口计划生育管理办法》,标志着相关部门开始重视其婚育状况,并以此为契机,引来不少学者研究。

21 世纪早期人们主要将研究重点放在流动人口计划生育工作的实施情况上,武俊青等人[1]发现上海闵行区流动人口的生育意愿较高及对男孩的偏爱程度较大,对计划生育工作的认知不足,但要求较高。近几年来,随着"二孩政策"的放开,针对流动人口婚育情况的研究逐年增多,2017 年綦松玲等人[2]研究表明吉林省流动妇女的初婚初育年龄有所推迟,尤其体现在决定在流入地结婚生子的人员。多数学者还将研究重点放在了对其婚育行为的影响因素上,对于初婚年龄,许琪等人认为农村男性的初婚年龄受"婚前是否经历过流动"这一因素影响显著。早年郑真真认为[3]婚前有外出经历的妇女初婚年龄较大,且流动的区域大多为外省或城市(流入地)。靳小怡等人[4]认为社会交往、居住环境和在城市的滞留时间对妇女的初婚年龄均存在显著影响。冯虹等人[5]研究表明受教育水平越高、收入水平较高的流动人口夫妻的初婚年龄相对较大。也有学者对流动人口的初育年龄进行了探究,尹勤等人[6]对 2014 年流动人口动态监测数据分析后认为,曾经生子女数越多,女性流动人口的初育年龄就小,且流动导致了初育年龄推迟。Kim 等人[7]认为生育时间是在代际间传递来的,即初育年龄受到亲代父母的影响。Hwang[7]等人认为初育年龄影响生育的多种指标,如生育率和人口结构等。还有学者将研究重点放在了初婚初育时间间隔上,赵昕东等人[9]认为流动行为使得初婚初育时间间隔拉长,尤其对于女性,受过高等教育的流动人员婚育间隔更长。靳永爱等人[10]探究不同的流动时点选择对初婚初育间隔的影响,间隔内流动对生育间隔有直接的延长作用。但是,对于非间隔内流动的女性,流动不会推迟生育。随着"全面二孩"政策的放开,对一二孩间隔进行深入研究的学者也不在少数。梁同贵[11]对一胎二胎的生育间隔研究发现,上一胎生育地为流出地的育龄妇女,下一胎在流入地的生育间隔将会被延长。其中一孩性别和生育间隔都会对第一次生育间隔产生一定影响[9]。

1　研究方法与数据说明

1.1　研究方法

本文使用 ArcGIS 软件(版本 10.7)的 ArcScene 模块描述全国各省、自治区及直辖市(不含香港、澳门、新疆生产建设兵团和台湾)流动人口婚育行为的基本特征,通过 R studio 软件(版本 4.0.2)和 ArcGIS 的 ArcMap 模块建立加速失效时间模型(accelerated failure time model,AFT)和地理加权模型(geographically weighted regression model,GWR)具体分析流动人口个体特征、流动特征、家庭经济特征等非参数变量对婚育行为的影响,并筛选出有意义的变量进行地理特征分析。

在非参数估计部分,应用的 ArcScene 模块是将各省、自治区及直辖市的婚育特征变量取平均值,纳入数据库中,运用反距离权重法进行插值并生成栅格表,最终绘制成三维可视化图形。

AFT 模型作为一种线性回归模型,它把生存时间的对数作为被解释变量,是在数据违背比例风险假设条件下对 Cox 模型的重要补充[12]。其基本形式为 $\ln t = \alpha + \beta x + \varepsilon$。在本实验中,其表达的形式为

$$\ln T_i = b_0 + b_1 x_{i1} + b_2 x_{i2} + \cdots + b_k x_{ik} + \mu,$$

其中,ε 是随机项,分布为未指定的基准分布,常见的有 Gamma 型、Weibull 型、指数型及对数 Logistic 型等。本研究根据赤池信息准则(AIC)的数值来选择最优的模型分布,最终选择拟合最优的对数 Logistic 加速失效时间模型,将发生的风险处理为时间的非单调函数,符合婚育行为的风险假设。

GWR 模型是一种特定的空间回归模型,允许不同区域回归系数随空间距离变化。与传统计量经济学中线性回归模型假定事物无关联且均质分布不同,其反映因变量和多个自变量之间的局部关系[13,14]。具体的计算方法为:

$$y_i = \beta_0(u_i, v_i) + \beta_1(u_i, v_i) x_{1i} + \beta_2(u_i, v_i) x_{2i} + \cdots + \beta_k(u_i, v_i) x_{ki} + \varepsilon_i,$$

式中:y_i 为样本 i 的因变量;x_{ki} 为样本 i 的第 k 个自变量;k 为解释变量的个数;β_0 为回归模型的截距项;(u_i, v_i) 为第 i 个样本的空间坐标;$\varepsilon_i(i = 1, 2, \cdots, k)$ 为独立分布的随机误差项。

1.2　数据来源及变量选择

本文使用的数据来自 2016 年全国流动人口动态监测调查数据集(A 卷)[15],调查问

卷中的内容涵盖了本实验所需的婚育行为等信息。通过对 A 卷中的原始内容进行数据清洗后进行研究,本实验将婚育行为概括归纳为"初婚年龄"、"婚育年龄"、"初婚初育间隔"和"一孩二孩间隔"4 个方面的内容。初婚年龄即第一次结婚的年龄,由被调查者出生年月和初婚的出生年月的时间计算获得。初育年龄即生育第一胎的年龄,由被调查者记录的亲生子女的出生年月与被调查者的出生年月的时间计算获得。初婚初育间隔即受调查者的初婚时间与初育时间的间隔,并以月份为计量单位。一孩二孩间隔即在生育第一胎的调查者经历多少月后生育第二胎,其计算方法是将第一胎的出生年月和第二胎的出生年月结合即可。

结合我国国情,本实验仅涵盖合法婚内生育的情况,即婚育行为特征计算后为正值的情况。

经过筛选过的样本中大部分人口样本被纳入(见表 1)。在变量控制上,年龄以 29 岁及以下为参照组,性别以男性为参照组,受教育程度以未上过学为参照组,流动范围以跨省为参照组,流入地区域以东部区域为参照组,经济带以其他地区作为对比,流入地区家庭规模以少于两人作为对比,家庭月收入以 4 000 元以下为参照组,住房性质以自费住房(其中"租住单位/雇主房"、"租住私房"、"自购住房"、"就业场所"、"自建房"和"其他非正规居所"列为"自费住房",剩余的算作"免费住房")为参照组,健康教育媒介以"不了解"为参照组(将本次使用各种平台的变量按照加分计算,一项为参加的记为 1 分,满分 8 分,其中 0～2 分为"不了解",3～5 分为"熟悉",6～8 分为"掌握"),一孩居住地以本地为参照组,主要照料人以父亲为参照组,孩子托育情况以"在家"为参照组。

2　流动人口婚育行为的基本特征

ArcScene 是 ArcGIS 的 3D 数据可视化组件,能够将二维的地图叠加到三维的地形图上,从而将平面的地图以立体的方式进行展示[16]。将婚育行为特征用 3D 数据可视化组件表示是本次实验的创新尝试,目的是能够更加直观、立体地将地理特征与婚育行为结合。本实验将各个省份下属市县的婚育行为特征做平均值处理,输入表格,与各省、自治区及直辖市(其中将新疆生产建设兵团和新疆维吾尔自治区的数值合并取平均)的地图特征相关联,并形成图像。在初婚时间方面,各省份初婚年龄最高值为 26.52(岁),其中以广东省为代表,山东省、北京市和辽宁省紧随其后。甘肃省、宁夏回族自治区、青海省为初婚年龄较早的省份聚集地,最低值为 24.03(岁)。初育年龄的分布大致与初婚年龄相同,除高低差距较突出的区域外,大部分省份初育年龄分布密度差距不大。对于初婚初育间隔(婚育间隔时间),以西藏自治区、北京市和河北省的升高最为显著,最高值为 26.52(月)。广东省、广西壮族自治区、福建省和部分浙江省等南部地区省份婚育间隔时间相对较短,最低值为 24.03(月)。其他地区差异较不明显。中原地区和东北地区的生育间隔时间普遍较长,最高值为 6.21(年)。而西部地区的生育间隔时间较短,最低值为 3.72(年)。其他地区分布差异较为平均。

北京市是 4 项婚育指标都较高的地区,反映其流动人口的婚育行为具有晚婚晚育的特

表1　模型变量的描述统计

事件		模型1 初婚时间 平均值	模型1 初婚时间 标准差	模型2 初育时间 平均值	模型2 初育时间 标准差	模型3 婚育间隔 平均值	模型3 婚育间隔 标准差	模型4 二孩间隔 平均值	模型4 二孩间隔 标准差	注　释
个体特征	年龄	1.83	0.725	1.97	0.697	1.83	0.725	1.97	0.697	1=29岁及以下;2=30至45岁;3=45岁以上
	性别	1.48	0.500	1.48	0.500	1.48	0.500	1.48	0.500	1=男性;2=女性
	受教育程度	3.22	0.733	3.16	0.741	3.22	0.733	3.16	0.741	1=未上过学;2=小学;2=初中;3=高中及以上
流动特征	流动范围	1.68	0.751	1.68	0.752	1.68	0.751	1.68	0.752	1=跨省;2=省内跨县;3=市内跨境
	流入地区域	2.09	1.025	2.08	1.022	2.09	1.025	2.08	1.022	1=东部地区;2=中部地区;3=西部地区;4=东北地区
	经济带	1.66	0.955	1.65	0.944	1.66	0.955	1.65	0.944	1=其他地区;2=长三角;3=京津冀;4=珠三角
家庭经济特征	流入地家庭规模	1.52	0.500	1.57	0.496	1.52	0.500	1.57	0.496	1=未超过两人;2=超过两人
	家庭月收入	1.97	0.764	1.96	0.686	1.97	0.764	1.96	0.686	1=4000以下;2=4000~8000;3=8000以上
	住房性质	1.12	0.327	1.10	0.297	1.12	0.327	1.10	0.297	1=自费住房;2=免费住房
社会保障	建立健康档案	—	—	1.40	0.489	1.40	0.489	1.79	0.978	1=否;2=是
	参加生育保险	—	—	1.16	0.369	1.17	0.376	1.16	0.369	1=否;2=是
	参加公费医疗	—	—	1.01	0.079	1.01	0.079	1.01	0.079	1=否;2=是
	参加城乡居民合作医疗	—	—	1.31	0.464	0.68	0.468	0.69	0.464	1=否;2=是

慧源共享　数据悦读
第二届全国高校开放数据创新研究大赛数据论文集

（续表）

事件		模型1 初婚时间 平均值	标准差	模型2 初育时间 平均值	标准差	模型3 婚育间隔 平均值	标准差	模型4 二孩间隔 平均值	标准差	注　释
健康教育	健康教育知识知晓程度	—	—	—	—	1.65	0.477	1.74	0.639	1=不了解;2=熟悉;3=掌握
	接受过性病/艾滋病防治方面的健康教育	—	—	—	—	1.51	0.500	1.50	0.500	1=否;2=是
	接受过生殖与避孕/优生优育方面的健康教育	—	—	—	—	1.65	0.477	1.68	0.466	1=否;2=是
一孩特征	一孩性别	—	—	—	—	—	—	1.46	0.498	1=男性;2=女性
	一孩现居住地	—	—	—	—	—	—	1.48	0.636	1=本地;2=户籍地;3=其他
	主要照料人	—	—	—	—	—	—	2.96	0.759	1=父亲;2=父母双方;3=母亲;4=祖辈及其他
	孩子托育情况	—	—	—	—	—	—	2.12	1.097	1=在家;2=入托;3=入园;4=小学
婚育特征	初婚时间	23.89	3.932	—	—	—	—	—	—	单位:年
	初育时间	—	—	25.00	3.949	—	—	—	—	单位:年
	婚育间隔	—	—	—	—	23.39	23.592	—	—	单位:月
	二孩间隔	—	—	—	—	—	—	4.93	3.438	单位:年
样本量	—	169 000		141 497		16 900		141 497		—

点,且结婚后较长时间才进行生育行为,并间隔较长时间生育二孩。青海省、宁夏回族自治区等中西部地区除生育二孩的间隔时间较长外,其他 3 项指标都处于较低数值,流动人员的婚育行为大多较为提前。特殊的是,西藏自治区婚育间隔时间最长,而生育二孩的间隔时间最短。

3　流动人口婚育行为的建模实证分析

3.1　加速失效时间模型

通过建立对数 Logistic AFT 模型分析影响流动人口婚育行为的各个特征因素,共包含以初婚年龄、初育年龄、初婚初育间隔和一孩二孩间隔为因变量的 4 个模型。模型自变量包括个体特征、流动特征、家庭经济特征、社会保障、健康教育、一孩特征(见表 2)。

表 2　加速失效时间模型回归结果

事　　件		模型 1 初婚时间	模型 2 初育时间	模型 3 婚育间隔	模型 4 二孩间隔
个体特征	年龄(29 岁及以下)				
	30～45 岁	0.070 2***	0.090 6***	0.123 3***	0.096 8***
	45 岁以上	0.047 3***	0.085 44***	0.154 5***	0.043 6
	性别	−0.061 3***	−0.057 6***	0.018 9***	0.015 1
	受教育程度(未上过学)				
	小学	0.023 3***	0.014 8***	−0.078 5***	−0.155 7
	初中	0.044 5***	0.033 0***	−0.084 5***	−0.069 1
	高中及以上	0.118 8***	0.097 2***	0.002 7	−0.029 8
流动特征	流动范围(跨省)				
	省内跨市	0.015 9***	0.010 0***	−0.002 9	0.023 98
	市内跨县	0.009 0***	0.006 3***	−0.012 9	0.010 5
	跨境	0.125 9***	0.089 5***	−0.049 1	0.474 6
	流入地区域(东部地区)				
	中部地区	−0.020 0***	−0.009 3***	0.004 5	0.001
	西部地区	−0.016 0***	−0.001 7***	0.058 0***	0.046 0**
	东北地区	−0.016 4***	−0.016 2***	0.017 7	0.081 4
	经济带(其他地区)				
	长三角	−0.009 3***	−0.015 6***	−0.034 2***	0.041 4
	京津冀	0.002 0***	0.014 2***	0.101 8***	0.114 1***
	珠三角	0.024 0***	0.009 4***	0.016 7	−0.019 9

（续表）

事　　件		模型 1 初婚时间	模型 2 初育时间	模型 3 婚育间隔	模型 4 二孩间隔
家庭经济 特征	流入地家庭规模（超过 2 人）	−0.007 4***	−0.004 5***	0.036 0***	0.137 0***
	家庭月收入（4 000 元以下）				
	4 000～8 000 元	0.001 3***	−0.004 5***	−0.026 3***	−0.009 8
	8 000 元以上	0.006 4***	−0.002 3***	−0.007	−0.010 1
	住房性质	−0.007 0***	−0.011 4***	−0.015 1	0.008 5
社会保障	建立健康档案	—	0.001 2	−0.008 6	0.019 2
	参加生育保险	—	−0.028 3***	0.053 2***	0.069 4***
	参加公费医疗	—	−0.000 8	−0.015 5	0.152 7
	参加城乡居民合作医疗	—	−0.024 9***	−0.054 3***	−0.028 3
健康教育	健康教育知识知晓程度（不了解）				
	熟悉	—	—	0.004 3	0.008
	掌握	—	—	0.021 4***	0.024 1
	接受过性病/艾滋病防治方面的 健康教育	—	—	0.008 2	−0.022 2
	接受过生殖与避孕/优生优育方 面的健康教育	—	—	0.004 3	0.028 6
一孩特征	一孩性别	—	—	—	−0.028 0***
	一孩现居住地（本地）				
	户籍地	—	—	—	0.072 4***
	其他地方	—	—	—	0.005 4
	去世	—	—	—	—
	主要照料人（父亲）				
	父母双方	—	—	—	0.005 8
	母亲	—	—	—	−0.044 6
	祖辈及其他	—	—	—	−0.080 9
	孩子托育情况（在家）				
	入托	—	—	—	0.247 9***
	入园	—	—	—	0.336 8***
	小学	—	—	—	0.532 0***

（续表）

事　　件	模型1 初婚时间	模型2 初育时间	模型3 婚育间隔	模型4 二孩间隔
常数	3.077 2***	3.091 8***	2.787 9***	0.598 8***
对数似然值	733 796.3	605 223.5	605 223.5	23 594.98
AIC	733 838.3	675 895.4	605 297.5	51 564.08
样本量	141 363	129 266	75 813	7 185

注：*代表 $p<0.05$，**代表 $p<0.01$，***代表 $p<0.001$，括号内为参考组。

对于初婚时间为因变量的模型，纳入的自变量有个体特征、流动特征和家庭经济特征。由表2可知，纳入的自变量均具有统计学意义。值得注意的是，其中女性相对于男性发生初婚事件的时间（初婚年龄）显著低于男性（参照组），女性的初婚年龄是男性的0.94倍[Exp（−0.061 3）]，也可以说女性的初婚风险会比男性增加6.32%[Exp（0.061 3）−1]。这可能还是受我国传统观念"大娶小"所影响，男性较偏好年纪小的女性为自己的初婚对象。同样对初婚年龄为负向作用的变量是流入地区域、流入地家庭规模和住房性质。其中对于回归系数绝对值最小（−0.007）的住房性质，本实验将原始数据中需要流动人口自费的住房归为"自费住房"并作为参照组，发现拥有"免费住房"的流动人口在控制了其他因素的情况下，初婚年龄显著低于需要付费住房的流动人口。并且不需要付费住房的流动人口相对于需要花钱住房的人口的初婚事件风险要高0.7%[Exp（0.007）−1]。回归模型结果显示，流动范围的正负系数相对于参照组是相同的，省内跨市、市内跨县和跨境的流动范围分别是跨省的初婚年龄的1.02倍、1.01倍、1.13倍。这可以理解为省内跨市和市内跨县的流动人口拥有较低的初婚风险，可以理解为他们积蓄较少，需要为组建家庭创造一定的财富并需要长时间地投入事业，夫妻双方也需要彼此为自己考虑。跨境的流动人口，往往受地域政策限制，难以在当地办理结婚，需要一定时间的熟悉。

对于纳入初育时间为因变量的模型，纳入的变量较上一个模型多了社会保障这一特征变量集。要特别说明的是，如今国内已将"新型农村合作医疗"和"居民医保"合为城乡合作医疗，在此次实验中，被调查者参加一种保险即认定为参加城乡合作医疗。其中对于有意义的变量"参加生育保险"和"参加城乡居民医疗"，其回归系数均为负，证明参加生育保险和参加城乡居民合作医疗的流动人口初育事件发生风险更高，且均为不参保的流动人口的0.97倍。这里可以理解为参加了保险的流动人群更具有底气去进行生育行为，并且保险能为此类人员减轻一定的负担。对于流入地区域的此变量，与初婚模型相同的是，东部地区较中部地区、西部地区和东北地区，仍是发生初婚和初育事件的高风险地区。这可能因为东部地区较其他地区经济发达，流动人口观念被当地人所同化，社会氛围更加开放和包容，可能持有不同的婚育观念，并能及时有效地采取避孕措施，所以发生初婚初育事件较晚。对于经济带的此变量，长三角地区流入的人们仍为初婚初育事件发生的高风险地区，与流入地区变量的发生原因相同，经济发达仍为主要成因。对于家庭月收入，与初婚模型表现不同的是，高收入人群呈现较高的初育事件风险。

对于纳入婚育间隔为因变量的模型,纳入的变量较上一个模型多了健康教育这一特征变量集。令人遗憾的是,接受过性病/艾滋病防治方面的健康教育、接受过生殖与避孕/优生优育方面的健康教育的流动人口并未表现出对婚育间隔的显著影响,思考其原因,可能仍是流动人口分布较散落,无法系统、细致地向他们传授这些知识,并且由于他们外出以赚钱为主要目的,难以将这些知识加以运用。这从侧面反映我国政府、企业和社区须加强这方面健康教育的落实工作,让流动人员真正将健康意识树立起来,从而形成良性循环,造福下一代,为我国人口工作做出贡献。对于受教育程度这一变量,在前3个模型中均有意义,即受教育程度越高,其发生初婚初育风险就越低。但在婚育间隔模型中,小学和初中受教育程度的流动人口对婚育间隔时间呈负向作用。可能是因为小学和初中毕业后的流动人口,受父母辈的婚育观念影响和寄希望于下一代的思想,导致尽快生育是此类流动人口的多数选择。

对于纳入二孩间隔为因变量的模型,纳入的变量较上一个模型多了一孩特征这一特征变量,其中以孩子托育情况这个变量最为亮眼。随着一孩托育情况逐渐变好,二孩间隔的时间逐渐拉长。一方面,由于一孩的年龄不断增长,父母的年龄也在增长,其生育下一胎的能力在不断地下降,父母重新再照顾新生骨肉的精力逐渐不足;另一方面,第一胎孩子"自我"意识在不断增强,接纳自己的妹妹或弟弟的程度也在不断下降,一定程度影响了父母想要生育下一胎的决策。对于一孩性别这一变量,一孩为女性的情况仍缩短了父母生育二孩的时间间隔,说明"重男轻女"的思想仍严重影响中国父母的二孩生育决策。

3.2　地理加权模型

3.2.1　模型构建

为消除多重共线性的影响,先对加速失效模型中 $p<0.05$ 的变量进行共线性诊断,利用SPSS软件计算各变量方差膨胀因子(variance inflation factor,VIF),将 VIF>10(存在较强多重共线性)变量剔除,最后进入模型的有流入地家庭规模与初婚事件、参保城乡合作医疗与初育事件、传播媒介与婚育间隔和一孩托育情况与二孩生育间隔。然后利用 Geoda和 GWR 软件计算得到 OLS 模型和 GWR 模型的相关参数(见表3)。由表3可知,GWR模型的拟合优度大于 OLS 模型,且 AIC 值小于 OLS 模型,故选择 GWR 模型更优。

表3　GWR 与 OLS 模型结果比较

模　型	残　差	标准差	AIC	R^2
OLS	30.206	0.075	−114 47.86	0.000
GWR	19.623	0.030	−150 46.77	0.000

3.2.2　模型结果分析

流入地家庭规模与初婚事件呈正相关关系。从回归系数来看,最大值为 1.025,最小值为 0.015,相差较大,标准差为 0.55,说明流入地家庭规模对初婚事件影响较不稳定。在回归系数的空间分布上,自东南向西北呈现出逐渐递减的趋势,最高值出现在珠三角,广东和广西整体也较高,最低值主要位于新疆和内蒙古等。说明流入地家庭规模对东南地区地市的影响较大,而对西北地区地市的影响较小。

参保城乡合作医疗与初育事件呈正相关关系。在回归系数的空间分布上,自西向东呈现出逐渐递增的趋势,最高值出现在东北地区和浙江,最低值主要位于新疆和西藏。但因系数差距不大,参保城乡合作医疗对区域初育事件的影响比较均衡。

传播媒介的回归系数为正值,对婚育间隔具有正向作用。在回归系数的空间分布上,自华东向华北、西南、东北和西北呈现出逐渐递增的趋势,最低值出现在江苏、山东、浙江和安徽,最高值主要位于新疆和西藏。

一孩托育情况与二孩生育间隔呈正相关关系。标准差仅为 0.001,说明一孩托育情况对二孩生育间隔的影响较为稳定。在回归系数的空间分布上,自南向华北、西南、东北和西北呈现出逐渐递增的趋势,最低值出现在广东和广西,最高值主要位于黑龙江和新疆。

4　结论与讨论

4.1　结论

(1) 受教育程度高、年龄较大和流动范围较广对初婚年龄有推迟效应,且能与以前的文献互相佐证。

(2) 创新地发现,拥有免费住房的流动人口能缩短初婚和初育年龄。

(3) 参加城乡合作医疗能缩短婚育间隔时间。

(4) 夫妻双方掌握健康教育知识的情况越好,婚育间隔时间越长。

(5) 一孩的托育情况越好,越能延长其夫妇生育二孩的生育间隔。

(6) 一孩为女性将大大缩短流动人群生育二孩的生育间隔。

(7) 流入地家庭规模、参保城乡合作医疗、传播媒介接收程度和一孩托育情况具有较强的地域分布特点。

4.2　讨论

这些影响因素的出现不仅与流动人口自身的原因有关,同时也受到一些社会因素的影响。任何抛弃社会情况而孤立分析单一因素的方法都是不可取的。例如在第二个模型中,出现高收入人群反而升高了生育风险,可能是因为父母想把最好的资源都留给下一代,自己奋斗的积蓄要为整个家族的兴盛提供肥沃的土壤。须特别注意的是,"建立健康档案"这一变量,在 4 个模型中都没有产生意义,说明我国健康档案的整体普及度还很低,未能达到反映地区剩余差异的阶段,下一步应积极推广。同样情况的还有"公费医疗"变量,一样表明我国公费医疗工作还有很大的进步空间,是我国下一步卫生健康保障努力的方向。在二孩生育间隔模型中,我们创造性地纳入了"主要照料人"这一变量,想要观察一孩生育后的照料人会对二孩的生育间隔有什么影响。也许是由于数据缺失过多,暂未发现其与二孩生育间隔明确的线性关系。在国家鼓励生育的新时期,城市的卫生健康服务尚需完善,流动人口的配套公共服务亟待加强,要有针对性地完善流动人口的妇幼保健工作,加大健康教育的宣传力度,提高流动人口家庭的社会保障。

参考文献

［1］武俊青,陶建国,丁吟秋,等.上海市闵行区流动人口婚育观念与行为的研究［J］.医学与社会,1999(1)：3-5.

［2］綦松玲,鲍红红,张蒙蒙,等.吉林省已婚育龄流动妇女婚育状况分析［J］.人口学刊,2017,39(1)：50-57.

［3］郑真真.外出经历对农村妇女初婚年龄的影响［J］.中国人口科学,2002(2)：61-65.

［4］靳小怡,彭希哲,李树苗,等.社会网络与社会融合对农村流动妇女初婚的影响——来自上海浦东的调查发现［J］.人口与经济,2005(5)：53-58.

［5］冯虹,赵一凡,艾小青.中国超大城市新生代农民工婚姻状况及其影响因素分析——基于2015年全国流动人口动态监测调查数据［J］.北京联合大学学报(人文社会科学版),2017,15(1)：57-63.

［6］尹勤,郑颖颖.女性流动人口初育年龄分布及差异分析［J］.人口与社会,2017,33(1)：101-110.

［7］Kim K. Intergenerational transmission of age at first birth in the United States：Evidence from multiple surveys［J］. *Population Research and Policy Review*,2014,33(5)：649-671.

［8］Hwang J,Lee J H. Women's education and the timing and level of fertility［J］. *International Journal of Social Economics*,2014,41(9)：862-874.

［9］赵昕东,李翔.流动人口女性个体的生育间隔影响因素研究——基于2016年全国流动人口动态监测调查数据［J］.统计研究,2018,35(10)：69-80.

［10］靳永爱,陈杭,李芷琪.流动与女性生育间隔的关系——基于2017年全国生育状况抽样调查数据的实证分析［J］.人口研究,2019,43(6)：3-19.

［11］梁同贵.乡城流动人口的生育间隔及其影响因素——以上海市为例［J］.人口与经济,2016(5)：12-22.

［12］徐英,骆福添.生存分析中几种模型的研究概况［J］.中国卫生统计,2006(4)：364-366.

［13］李琼,周宇,田宇,等.2002—2015年中国社会保障水平时空分异及驱动机制［J］.地理研究,2018,37(9)：1862-1876.

［14］武鹏,李同昇,李卫民.县域农村贫困化空间分异及其影响因素——以陕西山阳县为例［J］.地理研究,2018,37(3)：593-606.

［15］国家卫生健康委流动人口服务中心.中国流动人口动态监测调查数据集(2016年),http://hdl.handle.net/20.500.12291/10227 V1［Version］.

[16] 张成才,刘丹丹,余欣,等.基于 ArcGIS 的东平湖洪水淹没场景三维可视化[J].郑州大学学报(工学版),2008,29(1):88-90.

作者介绍和贡献说明

郭涵昀：蚌埠医学院临床医学院,本科生。主要贡献：数据整理,文章撰写,文章修改。E-mail：gchyhx@163.com。

王宇航：蚌埠医学院临床医学院,本科生。主要贡献：数据整理,文章撰写,文章修改。

陆进：蚌埠医学院基础医学院,硕士研究生。主要贡献：文章修改。

西部农村流动人口家庭化迁移的特征识别研究

——基于 CMDS(2016)数据

蒋凤娇　徐慧慧　龚秀芳

（上海师范大学）

摘要： 实现西部脱贫是全面建成小康社会这一百年奋斗目标的重要组成部分之一，农村人口的流动对脱贫有利有弊，调控西部农村流动人口的迁移程度使其功效利大于弊很有必要。本文以西部农村的流动人口为研究对象，识别其家庭化迁移特征。采用二元 Logit 回归、随机森林、SVM 3 种不同的模型方法进行实证，通过比较得到最优的模型是随机森林模型。从而归纳出西部农村流动人口家庭化迁移的重要影响因素，即西部农村流动人口表现为举家迁移的特征与劳动者的个人因素以及居留意愿显著相关。最后根据研究结论，提出一些调控西部农村人口流动趋势的建议。

关键词： 西部农村流动人口　家庭化迁移特征识别　二元 Logit 回归　随机森林 SVM

Research on the Feature Recognition of the Family Migration of the Floating Population in Western Rural Areas — Based on CMDS (2016) Data

Jiang Fengjiao，Xu Huihui，Gong Xiufang

（Shanghai Normal University）

Abstract： Achieving poverty alleviation in the western region is one of the important components of the century-old goal of building a well-off society in an all-round way. The flow of rural population has advantages and disadvantages for poverty alleviation，and it is necessary to regulate the migration degree of the rural migrant population in the western region so that its benefits outweigh its disadvantages. This article takes the floating population in the western rural areas as the research object and identifies the characteristics of their family migration. Three different model methods including binary Logit regression，random forest，and SVM are used for empirical research，and the best model is the random forest model through comparison. Therefore，it can be concluded that the important influencing factors of the family migration of the migrants in the western rural areas，that is，the characteristics of the migration of the migrants in the western rural areas as a whole family are significantly related to the personal factors of the laborers and the willingness to stay. Finally，based on the research conclusions，some suggestions for regulating the flow of rural population in western China are put forward.

Keywords：rural migrants in the west，family migration feature recognition，binary Logit regression，random forest，SVM

0 引言

2020 年是决胜全面建成小康社会、决战脱贫攻坚之年，也是"十三五"规划收官之年。西部脱贫攻坚战事关 2020 年全面建成小康社会这一百年奋斗目标的成败得失。西部农村地区贫困程度深，贫困面积广，减贫难度大，作为扶贫的重要对象，西部地区脱贫是实现小康社会建设的重中之重。有研究表明：由于贫困地区资源短缺、就业机会少等原因，贫困地区的劳动力偏向于外出就业，其直接动机是改善家庭贫困情况[1]。随着扶贫工作的不断深入，贫困地区劳动力外出务工愈加普遍，而且已经成为贫困人口摆脱贫困的最重要的方式之一。统筹城乡扶贫，将贫困流动人口纳入贫困治理体系，消除贫困治理中的盲区，提高贫困治理能力现代化水平对于全面建成小康社会具有十分重要的意义[2]。因此，本文认为对贫困流动人口的治理可以帮助全面脱贫。而治理贫困人口的关键一招就是识别人口流动的变化趋势，这也是本文研究的出发点。

早在 1990 年代，学者就已经开始研究我国人口流动的变化趋势，其中关于家庭化迁移的研究较为深入。学者们从国家层面或者以具体某个城市为例分析了 1990 年开始的流动人口家庭化的基本趋势[3-8]。还有部分学者重点研究我国人口流动家庭化迁移的具体特征。研究发现流动人口家庭的特征主要表现为家庭规模大、家庭观念浓厚、家庭负担重、总体定居意愿不强等，家庭拥有的资源可能导致家庭成员回流，流动人口的个人特征、性别因素、家庭因素和社会结构要素等都对家庭化迁移的发生有显著的影响[9-13]。

本文所做的工作为：以西部地区的农村流动人口为研究对象，对该地区人口流动的现状进行分析，探讨西部农村流动人口的家庭化迁移特征。实证方面采用机器学习的线性和非线性两大分类器 3 种不同的模型，寻找重要的识别影响因素，以便有力地调控西部农村人口流动情况，推动实现全面脱贫。

1 迁移理论与研究假设

流动人口研究目前运用两种理论范式：个体主义范式和结构主义范式。虽然这两种范式都是建立在人口和资源空间分配不均的基础上，但它们之间也存在区别[11]。中国的流动人口研究,特别是在经济学中,个体主义范式占主流地位。个体主义范式建立在理性人的假设之上,预设计迁移流动是个体在理性基础上做出的最优选择。而结构主义范式聚焦于区域与国家之间的深度融合和不平等的发展过程,遵循着资本积累逻辑展开[14]。

随着对移民的深度研究,学者们意识到移民是一个复杂的现象,上述两种范式均存在理论缺陷,于是学者们开始将这两种理论融合,产生新迁移经济理论。新迁移经济理论[15,16]以家庭为单位,认为家庭化迁移的目的是实现家庭收益的最大化。家庭同时被对个体主义范式和结构主义范式不满的学者作为实现融合的纽带。学者们虽然对家庭的含糊性颇有微词,尤其在新移民经济理论中家庭仅仅作为理性个体的别称[17],但家庭仍然作为研究分析单位被广泛使用,并作为一种中层理论性质的分析性概念被广泛认同和使用[18]。家庭被认为能够实现微观个体与宏观结构的连接,可以弥合微观与宏观之间的鸿沟[19]。从社会学角度来分析家庭行动可以发现,家庭不仅仅是一个追求经济收益最大化的单位,还受到社会制度、文化等影响。尤其在我国,家庭是基本的消费单位,也是情感归属的初级群体。因此,在分析流动人口问题时,将家庭作为一个综合性的单位来使用更为贴切[11]。

同时,现有研究充分证明劳动者个人因素以及居留意愿对举家迁移的家庭化迁移特征的影响非常显著。综上,本文做出以下的研究假设。

假设一:在西部农村流动人口的劳动者个人因素中,流动者为男性、受教育程度越高、在现居地的工作性质较稳定、收入较高的越容易发生举家迁移。

假设二:在西部农村流动人口的居留意愿中,最近流动规模越大、在现居地已买房、落户意愿越强烈,越容易产生举家迁移的家庭化迁移。

2 西部农村流动人口家庭化迁移的特征识别的研究方法设计

影响西部农村人口家庭化迁移特征的因素有很多,这种影响可能是线性或是非线性,需要建立具体的实证模型来识别影响因素。本文选择采用二元逻辑回归(Logit)模型、随机森林模型和 SVM 3 种模型加以识别。模型的主要特征、内容将分为以下 3 个小节介绍。

2.1 二元逻辑回归模型

逻辑回归模型属于分类模型,是对线性回归的结果在函数上进行转化,融入逻辑函数进行回归,这种逻辑函数一般取 sigmoid 函数,表达式为:

$$g(z) = \frac{1}{1 + e^{-z}}。 \qquad ①$$

令式①中的 $z = x\theta$,则可以得到二元逻辑回归的一般形式:

$$h_\theta(x) = \frac{1}{1 + e^{-x\theta}}, \qquad ②$$

式②中 x 为输入的解释变量;$h_\theta(x)$ 为输出的分类概率,$h_\theta(x)$ 的值越小,被解释变量为 0 的可能性越大,反之被解释变量更有可能为 1,如果靠近临界点,则分类准确率会下降;

θ 为逻辑回归模型的分类参数。如果被解释变量为 0-1 变量,则模型称为二元逻辑回归模型,存在的对应关系为:如果 $h_\theta(x) > 0.5$,则 $x\theta > 0$,被解释变量 $y = 1$;反之,如果 $h_\theta(x) < 0.5$,则 $x\theta < 0$,被解释变量 $y = 0$。

对于线性回归函数,可以用模型误差平方和来定义损失函数,但是逻辑回归模型的解释变量通常是离散型的,其损失函数不能用线性回归的方法来推导,可以尝试最大似然法。似然函数对应的表达式为:

$$L(\theta) = \prod_{i=1}^{m} h_\theta(x^{(i)})^{y^{(i)}}\left[1 - h_\theta(x^{(i)})\right]^{1-y^{(i)}}, \qquad ③$$

式③中 m 为样本量。

将似然函数对数化取相反数可以得到损失函数的表达式为:

$$J(\theta) = -\ln L(\theta) = -\sum_{i=1}^{m}\{y^{(i)}\ln h_\theta(x^{(i)}) + (1 - y^{(i)})\ln[1 - h_\theta(x^{(i)})]\}。 \qquad ④$$

为使二元逻辑回归的损失函数最小,可以用梯度下降法、坐标轴下降法等优化方法进行迭代寻找最小状态。在实际应用时可以直接使用机器学习库里面内置的各种优化方法。逻辑回归模型的优点在于它可以预测被解释变量为 0 和 1 的概率是多少,自变量可以同时允许连续型和分类型变量,使用比较简单并且容易解释。其缺点在于自变量如果比较多,可能会存在共线性,需要将这些变量进行降维,通过因子分析、聚类、主成分分析等来挑选具有代表性的自变量。另外,预测结果通常是 S 型概率,变化很小并且边际值也太小,而中间的概率变化比较大,不利于区分变量在不同区间水平对被解释变量的影响,无法确定具体的阈值。

2.2　随机森林模型

随机森林由 Leo Breiman 提出,以决策树为学习器构建 bagging 算法,进一步在决策树的训练过程中引入随机属性。随机森林的本质就是 bagging 算法＋决策树,主要分为两个具体步骤:首先在原始样本集中用 Bootstraping 方法随机抽取 n 个训练样本,共进行 k 轮抽取,得到 k 个训练集(k 个训练集之间相互独立,元素可以有重复)。然后对于抽取的 k 个训练集,对这 k 个模型进行训练(这 k 个模型可以根据具体问题而定,比如决策树、KNN 等)。最后,对于分类问题,由投票表决产生分类结果;对于回归问题,由 k 个模型预测结果均值作为最后预测结果[20]。

随机森林分为两个阶段,一个阶段是创建随机森林,另一个阶段是根据第一阶段创建的随机森林分类器做出预测。第一阶段即随机森林的创建阶段又具体分为 4 个步骤:

第一步,从包含 N 个样本的原始样本集中有放回地抽样。

第二步,假设存在数据集 $D = \{x_{i1}, x_{i2}, \cdots, x_{in}, y_i\}(i \in [1, m])$,有特征数 N,有放回地重复抽样可以生成抽样空间 $(m \times n)^{m \times n}$。

第三步,构建基学习器(决策树):就每一个抽样 $d_j = \{x_{i1}, x_{i2}, \cdots, x_{ik}, y_i\}(i \in [1, m])$ 生成决策树,并记录每一个决策树的结果 $h_j(x)$。

第四步,训练 T 次使 $H(x) = \max \sum_{t=1}^{T} \varphi[h_j(x) = y]$,其中 $\varphi(x)$ 是一种算法,包括绝对多数投票法、相对多数投票法、加权投票法等,训练多次建立多个决策树形成随机森林,然后通过投票算法确认具体分到哪一类。

随机森林模型用于解决分类以及回归问题,适用于分类和数值特征的变量,它可以通过平均决策树降低过拟合的风险。通常情况下,随机森林模型做出的预测结果非常稳定,准确率较高,整个算法不会受到某一个新数据点的影响而产生错误。缺点是在实际的分类回归训练数据中如果存在噪声,可能会出现过拟合,并且算法比决策树更复杂,所花费的时间成本相对较高,需要通过不断优化算法来避免过拟合,以节约运行时间。

2.3　支持向量机模型

SVM 起源于 Vapnik 提出的统计学习理论[21],他提出了一个具有输入层、非线性单元的单隐层和输出层的前馈网络,将回归问题表示为二次规划问题。SVM 通过将输入空间非线性映射到高维隐空间,然后在输出空间中用线性回归来估计函数。

SVM 模型旨在找到一个样本回归函数 $f(x)$,如式⑤所示,近似未知的真实函数 $g(x)$:

$$f(x) = w^{\mathrm{T}}\varphi(x) + b, \qquad ⑤$$

其中上标 T 是一个转置算子,与本文后面使用的时间序列的样本量 T 相区别。式⑤中,$\varphi(x) = [\varphi_1(x), \cdots, \varphi_m(x)]^{\mathrm{T}}$, $w = [w_1, \cdots, w_m]^{\mathrm{T}}$。$\varphi(x)$ 称为非线性传递函数,它表示输入空间的特征,并将输入投影到特征空间中。特征空间的维数为 m,与 SVM 逼近平滑输入输出映射的能力直接相关;特征空间的维数越大,逼近的精度越高。参数 w 表示一组连接特征空间和输出空间的线性权值,b 为阈值。

为了得到函数 $f(x)$,必须从数据中估计出最优的 w^* 和 b^*。首先,定义线性 ε 不敏感损失函数 L_ε,最早由 Vapnik[21] 提出:

$$L_\varepsilon[x, y, f(x)] = \begin{cases} |y - f(x)| - \varepsilon, & |y - f(x)| > \varepsilon, \\ 0, & \text{其他}, \end{cases} \qquad ⑥$$

表明它不会对 ε 以下的错误进行惩罚。宽度为 ε 的分界面通道内的训练点没有损失,也不提供任何信息供决策使用。因此,这些点不会出现在决策函数 $f(x)$ 中。与分界面距离 ε 外的数据点作为支撑向量,最终用来构造 $f(x)$。这种稀疏性算法仅由 ε 不敏感损失函数产生,极大地简化了 SVM 的计算。

回归决策函数 $f(x)$ 采用 w^* 和 b^* 计算,形式如下:

$$\begin{aligned} f(x) &= w^{*\mathrm{T}}\varphi(x) + b^* \\ &= \sum_{t=1}^{T}(\alpha'_t - \alpha_t)\varphi^{\mathrm{T}}(x_t)\varphi(x) + b^* \\ &= \sum_{t=1}^{T}(\alpha'_t - \alpha_t)K(x_t, x) + b^*, \end{aligned} \qquad ⑦$$

其中，$K(x_t, x) = \varphi^T(x_t)\varphi(x)$ 是内积核函数。但实际上 SVM 理论只考虑特征空间中 $K(x_t, x)$ 的形式，并没有明确指定 $\varphi(x)$，也没有计算所有对应的内积。因此，核函数大大降低了高维隐含空间的计算复杂度，成为 SVM 的关键部分。满足 Mercer 设定的函数都可以选择作为 SVM 核函数，本文选用的是高斯核函数，函数表达式为：

$$K(x_t, x) = \exp\left(\frac{-\|x - x_t\|^2}{2\sigma^2}\right), \qquad ⑧$$

其中 d 和 σ^2 为多项式和高斯核的参数。在 SVM 实现之前，必须通过交叉验证预先确定系数 ε、C、d 和 σ^2 的适当值。

利用 SVM 做非线性的分类，需要选择合适的核函数，其优点是可以将高维空间进行映射，分类的思想比较简单，分类效果比较好；缺点是需要进行大规模的训练，如果是解决多元分类的问题，存在一定的困难，并且数据要求完整性很高，不能有缺失，否则影响参数和函数的选择，进而影响模型的精度。

以上综合介绍了 3 种分类模型的特点，3 种模型各有优势和劣势，在建立西部农村流动人口家庭化迁移特征识别模型的过程中，可能会有 3 种不同的拟合效果，因而需要通过实证，经过比较，才能得到最终较可靠的方案，借此有效地调控西部农村流动人口家庭化迁移情况。

3　西部农村流动人口家庭化迁移特征识别的实证分析

3.1　变量选取与数据处理

本文数据全部来源于中国流动人口动态监测调查数据（2016 年）[22]，由第二届"慧源共享"全国高校开放数据创新研究大赛官方提供，数据集共包括 16 万多个样本，涉及 342 个指标，调查的主要内容为全国各区县流入人口的家庭收支情况、流动就业情况、居留和落户意愿、婚育和卫生计生服务以及健康素养五大方面，数据集设计的问题非常全面，是一份难得的宝贵资源。

本文的研究对象是西部农村的流动人口，筛选样本时以被访者户籍地是否在农村为标准定义农村人口，以户籍地所在省份是否属于西部定义西部地区。本文的研究目的是识别西部农村流动人口的家庭化迁移特征，将流入家庭规模与户籍家庭规模是否一致作为衡量家庭化迁移是否存在举家迁移或非举家迁移特征的标准构造被解释变量。在识别家庭化迁移特征时选取相关的影响因子帮助有效识别，本文选定个人因素、家庭因素、生活环境、经济能力、就业状况、流动情况、社会保障以及迁移意愿 8 个层面构建 26 个细分指标。

为保证使用 2016 年的数据进行实证得到的结论在 2020 年有一定的说服力，因此在数据处理过程中存在诸多问题：有的变量需要经过原数据集中多个子变量进行统计整理；有的变量某些数值不符合实际意义或者与相似变量存在矛盾需要筛选；有的分类变量原始的分类过于详细不利于建立识别模型需要重新定义；有的变量原数据的跨度到 2020

年会有较大的差距需要排除一些情况;连续型变量的量纲不统一需要标准化处理等。经过所有必要的处理,最后的样本总量为 17 477 人,最后的 26 个细分指标是在满足实际意义和建模需要下经过特殊处理的,具体的指标解释以及处理方式如表 1 所示。

表 1　变量选取与处理方式说明

变量类型	衡量层面	指　标　名　称	数　值　处　理　说　明
被解释变量	家庭化迁移程度	家庭化迁移特征(family_migration)	若家庭规模和流入规模一致定义为"家庭化迁移"=1;反之则定义为"非家庭化迁移"=0
解释变量	个人因素	性别(sex)	男=1;女=0
		年龄(age)	实际观测值
		民族(nation)	汉族=1;少数民族=0
		受教育程度(education)	小学及以下=1;初中=2;高中=3;大专=4;本科及以上=5
	家庭因素	婚姻状况(marriage)	1=未婚;2=已婚;3=离异或丧偶
		家庭规模(family_size)	实际观测值
		子女数量(children_number)	实际观测值
	生活环境	现居地所属区域(area)	东部地区=1;中部地区=2;西部地区=3;东北地区=4
		现居地所属经济带(economic_zone)	珠三角=1;长三角=2;京津冀=3;其他=4
		现居地城镇化水平(urbanization)	城镇=1;农村=2
		现居地家庭每月住房支出(housing_expenditure)	实际观测值
		现居地家庭每月总支出(total_expenditure)	实际观测值
		现居地家庭每月总收入(household_income)	实际观测值
	经济能力	个人月纯收入(personal_income)	实际观测值
	就业状况	职业所属产业(occupation_industry)	第一产业=1;第二产业=2;第三产业=3
		就业单位性质(employment_nature)	国有企事业单位=1;集体、股份、联营企业以及民办组织=2;个体工商户=3;私营单位=4;港澳台独资、外商独资、中外合资企业=5;其他情况=6

(续表)

变量类型	衡量层面	指 标 名 称	数 值 处 理 说 明
解释变量	流动情况	累计流动次数 (flow_number)	实际观测值
		外出累计时长(out_time)	实际观测值
		最近流动规模 (recent_flow_scale)	实际观测值统计整理
		最近流动原因 (recent_flow_reason)	工作＝1;经商＝2;随家属迁移＝3;临时原因＝4
	社会保障	缴纳五险一金数量 (insurance_quantity)	实际观测值统计整理
		现住房性质 (house_nature)	他人提供的租房＝1;自租房＝2;他人提供的免费房＝3;自购自建房＝4;其他＝5
	迁移意愿	是否在本地买房 (purchased_house)	是＝1;否＝0
		是否打算买房 (purchasing_house)	是＝1;否＝0
		是否打算长期居住 (living_plan)	是＝1;暂时不＝0
		是否打算落户 (settling_plan)	是＝1;暂时不＝0

3.2 西部农村流动人口家庭化迁移变量的描述统计与可视化分析

3.2.1 描述性统计

因为选取的解释变量较多,而连续型和离散型变量的描述性统计方法有所差异,所以需要分开进行分析。如表2所示,所有变量中分类变量较多,分别能够反映2016年西部农村人口迁移的不同特征。

解释变量中个人因素方面,性别、民族、受教育程度以及婚姻状况的标准差较小,反映了被访者个人因素的差异不大。性别、民族更接近1,表明男性、汉族两类人产生流动的可能性更大;而受教育程度均值更接近2,表明初中学历的西部农村人群流动的可能性更大;婚姻状况的均值也更接近2,表明已婚的西部农村群体更有可能流出。生活环境方面,现居地所属区域、经济带以及城镇化水平的标准差较小,结合各变量均值的偏向,反映出西部农村人口流出地的主要特征表现为中西部、三大经济带之外的城镇地区,这意味着西部农村人口的流动存在一定的就近原则,并未大批涌入经济较为发达的区域。就业状况方面,职业所属产业和就业单位性质两个变量的均值,一个接近3,另一个接近4,代表西部农村人口流出后的职业更多为第三产业、私营单位,这表明西部农村人口外出就业单位都是发展潜力较大、失业风险相对较大的第三产业、私人小众的单位。

表 2　分类变量的描述性统计结果

指　标	均　值	标准差	最小值	最大值
性别	0.577 2	0.494 0	0	1
民族	0.814 9	0.388 4	0	1
受教育程度	2.001 4	0.815 9	1	5
婚姻状况	2.009 2	0.137 6	1	3
现居地所属区域	2.581 3	0.819 2	1	4
现居地所属经济带	3.645 1	0.834 3	1	4
现居地城镇化水平	1.334 0	0.471 7	1	2
职业所属产业	2.584 5	0.599 4	1	3
就业单位性质	3.823 1	1.391 1	1	6
最近流动原因	1.427 2	0.656 2	1	4
现住房性质	2.539 9	0.929 1	1	5
是否在本地买房	0.252 4	0.434 4	0	1
是否打算买房	0.244 3	0.429 7	0	1
是否打算长期居住	0.659 9	0.473 8	0	1
是否打算落户	0.309 0	0.462 1	0	1

此外，从流动情况来看，最近发生流动的原因标准差较小，均值更接近1，表明大多数西部农村流动人口流出的原因是为了工作；社会保障方面，现住房性质和是否在本地买房标准差较小，均值分别更接近3和0，这反映了2016年间西部农村流动人口在外的住房通常是由当地单位或者其他人免费提供，而在外出地买房的人相对较少，表明尽管发生流动，但在外的考虑的很大一部分原因是因为有住房保障；迁移意愿方面，是否打算买房、是否打算长期居住以及是否打算落户3个变量的均值分别更接近0、1、0，反映了西部农村人口在外现居地并没有打算买房和落户，更有可能只想长期居住，也许是因为工作需要等不得不流出。

如表3所示，影响西部农村流动人口家庭化迁移特征的连续型变量在均值、标准差、最值方面各有不同的规律，偏度和峰度均为正，这表明各变量数值都存在一定的离散情况，反映了不同的规律。主要可以归纳为以下几点：第一，西部农村流动人口年龄主要集中在37岁，家庭规模大约有4个人，其中包括1或2个孩子；第二，西部农村流动人口全家在流出地的住房支出为644元左右，总支出为3 200元左右，每月总收入的一般水平为6 000多元，个人一个月的纯收入为3 500多元，这反映出西部农村流动人口全家在现居地能够满足日常生活支出需要，住房支出占比相对较小，个人的月收入水平较高，在外生活能获得较高的幸福感；第三，西部农村流动人口流动并不频繁，外出时间基本在4年左右，表明他们在同一个流出地待的时间较长，不经常迁移到其他地方；第四，最近流动规模均值为2.58，反映出流动人口一次流出基本上以全家2～3个人的规模同时进行；第五，统计的缴纳五险一金数量均值显示社会保障五险一金并不完善,通常只有1～2项,这也许是导致西部农村人口不愿在外地留下落户的主要原因。

表3　连续型变量的描述性统计结果

指　标	均　值	标准差	偏　度	峰　度	最小值	最大值
年龄	37.288 3	8.288 1	0.022 9	2.079 2	17	56
家庭规模	3.563 0	0.933 4	0.836 1	5.164 9	1	10
子女数量	1.546 1	0.773 5	0.542 5	4.216 9	0	5
现居地家庭每月住房支出	643.692 0	891.023 0	4.531 9	47.859 4	0	20 000
现居地家庭每月总支出	3 183.735 4	1 994.715 7	5.634 9	83.406 4	260	50 000
现居地家庭每月总收入	6 066.240 2	4 327.502 8	8.310 2	140.114 6	0	120 000
个人月纯收入	3 510.971 6	2 661.766 7	5.439 7	63.557 2	0	56 000
累计流动次数	1.354 0	1.003 3	8.618 6	153.756	1	30
外出累计时长	3.768 5	1.526 4	0.157 6	2.546 0	1	8
最近流动规模	2.584 2	0.592 2	0.231 8	3.150 3	1	5
缴纳五险一金数量	1.654 5	1.204 3	1.362 3	5.143 1	0	6

3.2.2　可视化分析

家庭化迁移特征作为本文的被解释变量有必要进行详细的分析,因而基于数据进行饼图可视化展现。如图1所示,家庭化迁移特征归纳的举家迁移和非举家迁移两个层面显著地表现出举家迁移的特征更为明显,这反映了西部农村流动人口举家迁移的倾向更大,容易造成西部部分省份的人口流失。

如图2所示,结合不同性别以及家庭化迁移的两种特征数据进行统计可视化,结果显示男性进行举家迁移的人数比女性进行举家迁移多,而非举家迁移中男性与女性数量差不多,这反映出西部的农村人口家庭的核心成员还是基本上以男性为主,男性一旦外出就极可能引起全家的迁移,而女性的举家迁移则很大程度上受家中男性的影响。

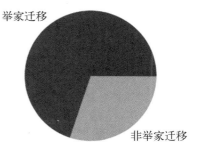

图1　家庭化迁移特征分布
情况的饼图

将家庭按照婚姻的情况分为3类:一类家庭是指未婚家庭,包括单身和同居两种情况;二类家庭包括初婚、二婚的情况;三类家庭由离异和丧偶的单亲家庭组成。如图3所示,不同类型的家庭进行家庭化迁移总体上具有举家迁移普遍多于非举家迁移的规律,具体而言还存在细微的差别:第二类已婚家庭举家迁移的数量最多,超过1万,其他两类家庭发生家庭化迁移的总量较少,这反映了西部农村流动人口家庭化迁移举家迁移特征趋势显著,尤其是已婚的家庭。至于未婚家庭以及单亲家庭流动总量较少,表明具有圆满婚姻关系的西部农村流动人口极可能为了生计发生举家迁移。

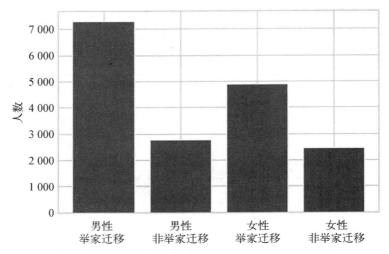

图2　不同性别人群家庭化迁移特征分布情况的柱状图

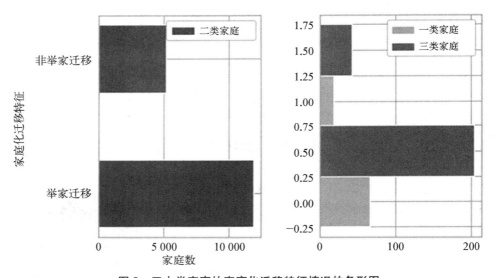

图3　三大类家庭的家庭化迁移特征情况的条形图

　　计算与家庭化迁移的相关系数并将相关系数进行降序排序,绘制出直方图。如图4所示,有8个指标与家庭化迁移是存在负相关的,其他指标与家庭化迁移存在正相关。按照相关程度和相关系数的绝对值来看,最近流动规模、现居地所属区域、所属经济带以及是否在本地买房、是否打算买房、是否打算长期居住、现住房的性质、受教育程度、是否打算落户以及性别这些因子对家庭化迁移的影响为正且绝对值较大;现居地是在城镇或者农村、累计的流动次数、年龄、家庭的规模和拥有的子女数量对家庭化迁移存在较强的负相关。

　　经过以上四部分的可视化分析以及描述性统计的结果,可以发现:西部农村流动人口家庭化迁移的趋势非常强烈,不同性别、家庭类型都具有不同的家庭化迁移特征。而能够显著影响西部农村流动人口家庭化迁移特征的因素比较多,如何通过有效的因素准确识别西部农村流动人口家庭化迁移特征并有力地调控人口流动特征,需要进一步建立模型分析。

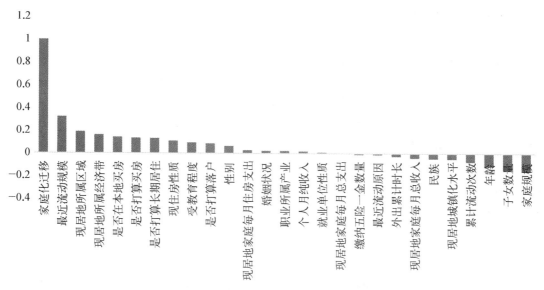

图 4　与家庭化迁移的相关系数直方图

3.3　西部农村流动人口家庭化迁移特征识别模型分析

不同类别的模型具有不同的假设前提,因为涉及的解释变量数据较多,根据相关系数(见图5),可能会存在共线性问题,同时为避免单一模型的结果不具有可靠性,需要补充选取两种常用的机器学习模型:随机森林模型和SVM模型。然后进行模型对比,从两个角度进行比较,选出最为合适的模型:第一个是拟合效果角度,采用较为常见的拟合优度指标进行对比;第二个是预测精度角度。本文在做非线性分类器建模时,将数据集样本随

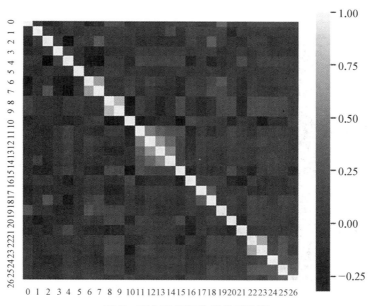

图 5　所有变量间的相关系数图

机抽样70%作为模型的训练集,其他数据作为测试集,计算测试集的预测值与真实值之间的平均绝对误差(MAE)和均方误差(MSE)进行对比。

　　如图6所示,两种非线性分类的机器学习模型随机森林模型以及SVM模型的预测的平均绝对误差、均方误差以及拟合优度数值排名情况具有以下特征:随机森林的均方误差小于SVM,平均绝对误差略高于SVM,拟合优度随机森林大于SVM。综合比较,共有3个参考的统计标准,其中2个偏向于随机森林模型情况更好,因而在非线性分类机器学习模型中更优的是随机森林模型。将随机森林模型的结果和二元逻辑回归模型进行比较选出最优模型,通过两个模型皆含有的统计指标拟合优度进行比较,随机森林模型的拟合优度为0.352 6,而二元逻辑回归模型的拟合优度显示为0.218,因此,随机森林模型要优于二元逻辑回归模型。

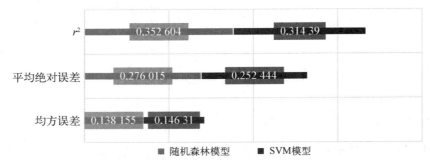

图6　两种非线性分类的机器学习模型比较结果

　　随机森林模型没有具体的函数形态,它将模型的重要特征进行输出,以表现重要解释变量对被解释变量的影响,重要特征输出图如图7所示。从图7中可以发现,最近流动的规模、家庭规模、个人年龄、累计外出次数以及是否在流出地买房这5个变量对西部农村

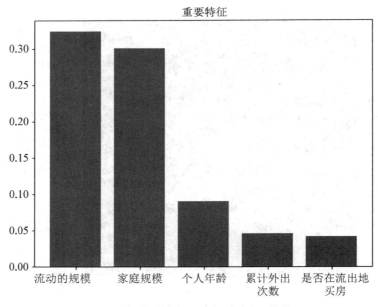

图7　随机森林模型前5个重要特征柱状图

流动人口家庭化迁移是否表现为举家迁移或是非举家迁移具有最为显著的影响。可以理解为最近流动规模反映出西部农村流动人口的生活状态;家庭规模是影响家庭化迁移的本质因素,家庭核心成员产生迁移的数量越多,举家迁移的可能性就越大;年龄也是重要的出发点,因为年龄较轻的大多数未婚,并且不具有较高的收入能力,无法满足全家的生活需要,不能进行举家迁移。而对于已婚的家庭,年龄基本在 30 至 40 岁之间,更有能力对整个家庭做出好的生活安排,从而发生举家迁移;是否在现居地够买房意味着是否可以将现居地当成家,因为房子是民生之本,有房才能安定人心安居乐业,所以有房对举家迁移的影响非常重大。

4 总结与建议

本文以西部农村流动人口为研究样本,分析其家庭化迁移特征举家迁移或非举家迁移如何进行识别,以便有力地调控西部农村人口流动情况,推动实现西部脱贫。从实证中得到以下几点结论:

(1)影响西部农村流动人口家庭化迁移特征的各因子非线性作用更为显著。这种非线性作用反映了各影响因素对西部农村流动人口家庭化迁移特征的影响规律比较。为保证对流动人口的家庭化迁移的识别结果可以随时符合现实情况,需要收集实时数据,不断进行建模预测。

(2)在所有影响因素中,最近流动规模是影响西部农村流动人口最为显著的因子。表明只有掌握实时的居民生活状态,才能有效识别西部农村流动人口家庭化迁移的实际趋向,把握好西部农村流动人口举家迁移的"度"。各级政府部门可以利用当今数字经济时代大数据、云计算等高端技术收集处理数据,做更为精确的预测。

(3)家庭规模显著影响西部农村流动人口家庭化迁移的特征表现。这一结论启示我们可以考虑结合当前三孩生育政策做地区和时间上的合理安排,对于无法开发的地区,鼓励举家迁移,可以采用奖金和罚款并行的政策短期内限制人口生养,保证每户家庭有充足劳动力,同时减轻家庭的抚养压力;对于开发潜力大的地区,需要尽量避免举家迁移造成的人口流失,加大对三孩政策的支持力度,通过增加家庭中的有效劳动力,提升本土的生产力。

(4)年龄、外出时间等个人因素以及是否在现居地买房等居留意愿是西部农村流动人口家庭化迁移特征的重要影响因子。一个人的年龄限制了其在外流动的次数,如果有能力在流出地买房也会减少流动,保持在流出地长期居住甚至落户。因而要调控西部农村人口家庭化迁移的情况,可以针对流出地主要是中西部地区进行住房政策、社会保险政策、落户政策的调整,适时引入或引导流出西部农村流动人口。

综上,西部农村流动人口发生迁移,主要还是和本地区个人、家庭生活政策等因素相关。而西部农村流动人口的迁移是部分贫困流动人口的合理安置,可以推动西部脱贫的进程。因而在以后建设中可以从以下几个方面着手,应对西部农村人口的流动问题:

第一,提高西部农村本土生活的基础设施建设水平。通过开发西部的自然资源,生产特色农产品,兴办符合当地特色的企业工厂,引入网络直播销售等新型销售渠道,增加就

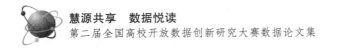

业机会,留住本土的劳动力人才。

第二,改善西部农民的生存方式,实现传统产业的转型升级,利用风景优美、深厚历史底蕴的土地吸引投资商和当地政府联合大力发展旅游业,以新业态焕发西部农村的新生机。

第三,根据流出地的特征,对西部地区农村发展进行重新规划,出台优惠政策,将西部非常贫瘠的地区的农民向相对较好的邻近地区"举家迁移",甚至是"举村迁移";然后,将空出的西部土地进行全面改造和有效治理,绿水青山就是金山银山,可以适当地引入一些生命力强的植被,放养一些存活率高的动物,营造良好的生态环境。

参考文献

[1] 都阳,朴之水.劳动力迁移收入转移与贫困变化[J].中国农村观察,2003(5):2-9+17-80.

[2] 王卓.脱贫攻坚需重视贫困流动人口群体[N].中国人口报,2020-06-08(003).

[3] 顾朝林,蔡建明,张伟,等.中国大中城市流动人口迁移规律研究[J].地理学报,1999(3):3-5.

[4] 段成荣,杨舸,张斐,等.改革开放以来我国流动人口变动的九大趋势[J].人口研究,2008(6):30-43.

[5] 周皓.中国人口迁移的家庭化趋势及影响因素分析[J].人口研究,2004(6):60-69.

[6] 俞宪忠.中国人口流动态势[J].济南大学学报(社会科学版),2004(6):71-74+92.

[7] 翟振武,段成荣,毕秋灵.北京市流动人口的最新状况与分析[J].人口研究,2007(2):30-40.

[8] 侯佳伟.人口流动家庭化过程和个体影响因素研究[J].人口研究,2009,33(1):55-61.

[9] 唐震,张玉洁.城镇化进程中农民迁移模式的影响因素分析——基于江苏省南京市的实证分析[J].农业技术经济,2009(4):4-11.

[10] 杨云彦,石智雷.中国农村地区的家庭禀赋与外出务工劳动力回流[J].人口研究,2012,36(4):3-17.

[11] 崇维祥,杨书胜.流动人口家庭化迁移影响因素分析[J].西北农林科技大学学报(社会科学版),2015,15(5):105-113.

[12] 马骍.流动人口家庭化迁移对女性就业影响研究——基于云南省动态监测数据的分析[J].北京师范大学学报(社会科学版),2017(4):145-154.

[13] 林赛南,梁奇,李志刚,等."家庭式迁移"对中小城市流动人口定居意愿的影响——以温州为例[J].地理研究,2019,38(7):1640-1650.

[14] Castells M. Immigrant workers and class struggles in advanced capitalism: The Western European experience[J]. *Politics & Society*, 1975, 5(1): 33-66.

[15] Stark O, Bloom D E. The new economics of labor migration[J]. *The American Economic Review*, 1985, 75(2): 147-156.

[16] Maasey S. Social structure，household strategies，and the cumulative causation of migration[J]. *Population Index*，1990，56(1)：3-26.

[17] Nancy F. Hearts and spades：Paradigms of household economics[J]. *World Development*，1986，14(2)：245-255.

[18] Kearney M. From the invisible hand to visible feet：Anthropological studies of migration and development[J]. *Annual Review of Anthropology*，1986，15(1)：331-361.

[19] Schmink M. Household economic strategies：Review and research agenda[J]. *Latin American Research Review*，1984，19(3)：87-101.

[20] 谭中明，谢坤，彭耀鹏.基于梯度提升决策树模型的 P2P 网贷借款人信用风险评测研究[J].软科学,2018,32(12)：136-140.

[21] Vapnik V，Guyon I，Hastie T. Support vector machines[J]. *Mach*. *Learn*，1995，20(3)：273-297.

[22] 国家卫生健康委流动人口服务中心.中国流动人口动态监测调查数据集(2016 年)，http://hdl.handle.net/20.500.12291/10227 V1[Version].

作者介绍和贡献说明

蒋凤娇：上海师范大学商学院数量经济学硕士研究生,研究方向为计量分析、数据挖掘。主要贡献：数据采集、研究设计、实证分析以及论文撰写。E-mail：2651285100@qq.com。

徐慧慧：上海师范大学数理学院应用统计硕士研究生,研究方向为数据分析、数学建模。主要贡献：数据处理、文献梳理和理论分析。

龚秀芳：上海师范大学商学院,副教授,硕士研究生导师,党委副书记,研究方向为数据挖掘、统计分析。主要贡献：总体思路框架的把握,论文总结以及建议的撰写。

PART ___ **03**

第三部分　关于大赛

一、大赛系列活动介绍

1. 大赛启动

2020年4月23日上午，在第25个"世界读书日"来临之际，第二届"慧源共享"全国高校开放数据创新研究大赛开幕式以线上线下联动的方式在复旦大学举行。本次活动旨在发挥长三角地区区位优势，推进数据时代长三角地区产学研用一体化协同创新，激发高校师生发掘利用开放数据资源进行创新研究与应用，聚合各行业力量培养和提升大学生数据素养，促进科学数据汇聚流动和开放共享，助力数字经济发展，推动全球科创中心建设和世界一流大学建设。大赛由上海市教育委员会、上海市经济和信息化委员会指导，复旦大学图书馆、上海市教育委员会信息中心、上海市电化教育馆联合浙江大学图书馆、南京大学图书馆、安徽大学图书馆和上海市科研领域大数据联合创新实验室共同举办。

上海市经济和信息化委员会副主任张英、复旦大学副校长陈志敏、上海市教育委员会信息中心主任王明政分别在开幕式上致辞，并在现场与复旦大学图书馆馆长陈思和，远程与浙江大学图书馆副馆长黄晨、南京大学图书馆副馆长邵波、安徽大学图书馆馆长储节旺、武汉大学图书馆副馆长刘霞一同启动大赛。

任何人类文明的形成和发展都离不开信息，人类获得信息的能力是文明进程的关键因素。菲迪皮茨从马拉松跑到雅典只为了传递一条信息，却付出了生命的代价。成百上千的烽火台要耗费大量人力物力，却只能传递简单的信息。伏生以生命延续着《尚书》的信息，一直背诵到90岁。玄奘历尽艰辛，留学印度19年，取回佛经，又以毕生精力翻译，使这些佛经以汉字方式永存于世界。数字化、互联网、云计算、大数据，信息的传递和利用已经空前便捷，人类又面临新的挑战……开幕式上，复旦大学资深教授、教育部社会科学委员会历史学部委员、"未来地球计划"中国国家委员会委员、上海市政府决策咨询专家、中央文史研究馆馆员、上海市文史研究馆馆员葛剑雄教授以"信息与人类文明"为题做主旨报告。

复旦大学图书馆副馆长张计龙在开幕式现场介绍了大赛系列活动，上海市科研领域大数据联合创新实验室成员单位、慧源共享教育资源服务中心成员单位、上海交通大学图书馆、华东师范大学图书馆和上海大学图书馆等10余所高校图书馆以及媒体合作单位《图书馆杂志》、复旦大学出版社等单位领导在线参加了开幕式。开幕式由复旦大学图书馆党委书记、常务副馆长侯力强和上海市教育委员会信息中心主任王明政主持，并在上海教育云平台、哔哩哔哩平台和造就平台进行了在线直播。

2. 活动内容

第二届"慧源共享"全国高校开放数据创新研究大赛系列活动于 2020 年 4 月至 12 月开展,包括 3 个部分。

"数据悦读"学术训练营(4.23—6.18):训练营面向长三角地区高校师生,邀请不同行业、不同领域的数据科学家,在多所高校举行数据专题巡回讲座,并进行在线直播,形成系列课程。

数据竞赛(4.23—11.1):大赛提供图书馆业务数据、电子资源访问行为数据、互联网采集数据、特色数据 4 类数据共 16 个高价值数据集。参赛团队可自定选题或参照选题指南开展研究,以"研究论文＋论文海报＋研究数据(以上为必交内容)＋数据应用(选交内容)"的形式参与竞赛。大赛鼓励选手围绕抗击疫情和社会经济恢复等热点问题开展研究。

成果孵化(11.1—12.31):通过出版大赛优秀论文集、推荐发表优秀获奖论文、推荐出版高质量数据、支持优秀成果落地转化、推荐实习等途径,为参赛团队提供更多机会和支持。

3. 学术训练营

大数据时代,在数据密集型科学研究范式下,数据素养成为高校师生必不可缺的能力。4 月 28 日至 6 月 18 日,大赛邀请多个行业的 34 位数据科学家,从数据思维、理念、方法、实践、应用多个方面,围绕 A(人工智能)、B(区块链)、C(云计算)、D(大数据)、E(能源数据)、F(金融科技)、G(地理信息)7 个专题举办系列讲座。34 位训练营专家发布大赛金句,共话大数据时代的未来发展与人才培养。大数据、数据时代、创新、智慧、智能、城市、开放、共享、数据治理、学习、挖掘等成为金句热点关键词。

第二届"慧源共享"全国高校开放数据创新研究大赛"数据悦读"学术训练营在复旦大学、东华大学、上海财经大学、浙江大学、上海师范大学、南京大学、上海电力大学、上海海洋大学、武汉大学、上海外国语大学、安徽大学、同济大学、上海交通大学、上海大学、华东师范大学 15 所高校巡回举行,通过 Zoom、哔哩哔哩、造就和上海教育云直播平台 4 个平台全网直播,讲座总时长近 36 小时,共有 71 200 余名师生参加训练营。

序号	课　程　名　称	主　讲　人
1	科学大数据管理技术与系统	中国科学院计算网络信息中心　黎建辉教授
2	从大数据到知识图谱——论符号主义的再次崛起	复旦大学　肖仰华　教授
3	机器学习入门途径及编程实践	东华大学　杨东　教授

（续表）

序号	课　程　名　称	主　讲　人
4	打造全数字时代数据共享利用基础设施——激发数据要素潜力的几点思考	矩阵元技术（深圳）有限公司 COO　谢红军
5	数据要素赋能场景的思考	银联智策顾问（上海）有限公司创新部负责人汪科科
6	全媒体背景下的管理与决策范式初探	上海财经大学　刘建国　教授
7	流动人口动态监测调查数据特点及应用	国家卫生健康委流动人口服务中心　刘金伟研究员
8	智慧城市与大数据可视分析	浙江大学　张宏鑫　副教授
9	大数据、第四范式与 AI	e 成科技首席数据官、复旦大学客座教授邬学宁
10	数据挖掘方法与应用——以量化投资为例	上海师范大学　傅毅　副教授
11	基于用户行为日志的推荐系统	北京万方数据知识产品部副经理　梅葆瑞
12	政务大数据价值及应用场景	南京大学　胡广伟　教授
13	能源时空数据库建设：夯基础、立潮头	复旦大学　潘克西　副教授
14	电力大数据的挑战与应用展望	上海电力大学　杜海舟　副教授
15	能源电力大数据的挖掘技术和方法	上海电力大学　侯建朝　副教授
16	数据分析方法及其在海洋大数据中的应用	上海海洋大学　魏立斐　副教授
17	人口大数据：历史、现实和未来	复旦大学　殷沈琴　副研究馆员
18	如何获取与利用开放数据？	武汉大学　黄如花　教授
19	开放数据生产资料打造产业生态体系	上海市经济和信息化委员会信息化推进处副处长　崔艳春
20	大数据时代的对象代理数据库系统 TOTEM	武汉大学　彭智勇　教授
21	数据驱动企业创新式管理	上海外国语大学　罗莉娟
22	大数据与大科学	安徽大学　匡光力　教授
23	基于时空大数据的北京市城市空间格局分析	上海云教信息技术有限公司首席空间数据科学家　胡瑞山
24	用数据说话：专家科研能力评估	北京万方数据知识产品开发部运营中心副经理　聂高擎
25	区块链与人文社科数据共享	华东师范大学　许鑫　教授
26	多模态大数据融合分析方法	同济大学　卫志华　教授
27	数据治理与机器学习：从理论到实践	上海交通大学　金耀辉　教授
28	超大型城市公共数据治理探索	上海市大数据中心资源部负责人　储昭武
29	大数据可视化赋能电子商务	上海大学　熊励　教授

(续表)

序号	课 程 名 称	主 讲 人
30	数据叙事:如何让大众更好地理解数据?	南京大学 裴雷 教授
31	文本挖掘技术在图书情报学研究过程中的应用	华东师范大学 张毅 副研究馆员
32	疫情的公共管理属性及对宏观经济的影响——基于数据分析视角	同济大学 程名望 教授
33	在线社交网络用户行为研究	复旦大学 陈阳 副教授
34	我国智慧城市的发展变迁与思考	上海市大数据股份有限公司 CTO 张力锋

4. 参赛报名

本届大赛面向全国高校、研究生院(所)在校师生。参赛团队可由1~7人组成。若团队由学生组成,则可有1位指导老师(指导老师不计入团队人数)。每位选手只能参加1支队伍。每位指导老师可以指导多支队伍,但所指导队伍的参赛内容不能相同。大赛报名通道于4月23日正式开启,6月18日17:00正式关闭,最终共有全国29个省市的756支队伍报名参赛,报名参赛总人数达2 688人。

5. 宣传推广

庚子年冬春之交,新冠疫情肆虐,多所高校转为线上教学。特殊环境下,大赛38家联合组织单位发挥各家之所长,设计多款宣传海报,依托互联网,结合新媒体,多途径宣传推广大赛。在教育部高校图书馆工作委员会的领导下,上海市、浙江省、江苏省、安徽省、山东省、广东省、四川省等全国多省市高校图书馆工作委员会向域内高校发布大赛通知,号召成员馆组织师生参赛,大赛组织单位合力组建微信群,在机构官方网站、微信公众号、用户社区、合作媒体等途径全面发布大赛信息。其间,"慧源共享"大赛官方公众号(huiyuansharing)图文阅读总次数达112 044次,大赛公众号图文阅读总人数64 866人,大赛发文66篇,分享转发人数4 673人,分享转发次数6 682次,文章被37所高校图书馆公众号转载184次,慧源共享网站访问1 500 464次,大赛QQ群人数达1 100余人,大赛邮件互动5 559封,电话近800个。

6. 大赛数据

本届大赛共有545支参赛队伍完成数据申请,平台数据下载量达31 468次。大赛最终收到参赛作品共计198项。其中中国流动人口动态监测调查数据集(2016年)、高校图书馆业务数据集、百度贴吧自闭症吧用户发帖回帖数据集是使用最多的3个数据集。

数　据　集	简　　　　介
高校图书馆业务数据集	高校图书馆业务数据是图书馆在业务过程中产生的数据。本次开放的高校图书馆业务数据集为基础数据层数据，为可机读、格式化的原生数据。 数据特点： 数据粒度细——外借数据、预约数据、入馆数据共计近 60 个字段； 覆盖范围广——含复旦大学图书馆、同济大学图书馆、东华大学图书馆、上海电力大学图书馆、上海海洋大学图书馆、上海师范大学图书馆、上海外国语大学图书馆、上海财经大学图书馆、上海大学图书馆、南京大学图书馆、浙江大学图书馆、安徽大学图书馆共 12 所高校图书馆业务数据； 时间跨度长——2013—2018 年
上海市中小学生图书馆借阅数据集	上海市中小学生图书馆借阅数据集获取了上海市中小学生利用电子学生证在上海图书馆及各区公共图书馆的借阅数据(外借、续借、归还)。数据集包括学生就读学校、所属学段、性别、书名、借还类型、借还日期、借还地点等信息,共计 22 个字段,近 3 000 万条记录,覆盖上海全市各中小学校
复旦大学 ERU 数据集	2011 年,复旦大学联合复旦光华信息有限公司研发了 ERU(电子资源使用统计访问)系统,从网络底层采集用户访问电子资源的信息行为,并过滤、还原和解析成结构化的数据。大赛提供 5 个基于 ERU 系统采集的数据集:2015 年复旦大学师生中文电子期刊资源访问行为数据集、2016 年复旦大学人文社会科学领域中文电子期刊资源访问行为数据集、2016 年复旦大学自然科学领域中文电子期刊资源访问数据集、2017 年复旦大学师生中文电子期刊资源访问行为数据集、2018 年复旦大学师生中文电子期刊资源访问行为数据集。数据集共有 27 个字段,具备完整性、准确性和代表性,对于学科研究热点分析、用户行为分析、高校图书馆电子资源需求分析等众多研究方向都具有丰富的应用和研究价值
CADAL 用户行为数据集	CADAL(China Academic Digital Associative Library,大学数字图书馆国际合作计划)资源种类多、服务覆盖范围广,对用户的浏览、阅读行为、文献采购等研究有重要价值,能够为高校图书馆的建设和发展研究提供数据依据,同时,对高校教学科研起到了较大的支撑作用。本数据集主要包括用户表、检索记录、借阅记录、浏览记录、资源表 5 个数据文件以及 1 个 ER 图,其中检索记录、借阅记录和浏览记录的覆盖时间范围为 2020 年
万方数据知识服务平台期刊文献用户行为日志	2020 年万方数据知识服务平台期刊文献(个人)用户行为日志数据量极大,具有近 3 000 万条数据。数据集对学者的学术阅读行为、学科发现、热门领域监控等研究有重要价值。数据集包括浏览日志 15 246 451 条、下载日志 3 364 880 条、检索日志 11 051 929 条
中小学生数字图书馆单页阅读记录数据集	中小学生数字图书馆单页阅读记录数据集来源于中文在线的数字图书馆产品在试点学校进行推广使用过程中产生的近万条行为数据。学生在线使用数字图书馆进行阅读,每次阅读翻页会自动记录翻页的时间和页码信息。这些数据有助于对学生阅读过程中的行为进行详细分析。数据集包含 6 个字段,9 561 条数据记录
百度贴吧自闭症吧用户发帖回帖数据集	百度贴吧自闭症吧用户发帖回帖数据集为基础数据层数据,为可机读、格式化的原生数据。本数据集具有数据粒度细、数据量大的特点,对于自闭症患者及其家属在网络健康社区中的发帖回帖交互行为、自闭症症状表现、自闭症发病机理、自闭症治疗方法等研究有重要价值,能够为自闭症患者的情感支持和社会支持研究提供数据依据

（续表）

数 据 集	简　　　　　介
美国新闻记者招聘数据集	美国新闻记者招聘数据集源自 JournalismJobs.com,为可机读、格式化的原生数据。本数据集覆盖时间长,涵盖 2016 年 11 月至 2020 年 3 月的数据(现网站仅支持检索 3 个月内的招聘数据)。数据集对观测美国新闻记者行业用工特点、用人需求、人才储备、就业压力、薪资期望等研究有重要价值
上海高新技术企业数据集	上海高新技术企业数据集 2014—2020,共 26 张表,110 万多条数据,涵盖了近 8 000 家上海高新技术企业的相关信息,其中包括 10 万条裁判文书全文和 2 万条新闻全文。数据采集于全国企业信用信息公示系统、中国法院裁判文书网、中国执行信息公开网等多家官方网站,并将各类数据统一处理、分类
上交所科创板企业数据集	上交所科创板企业数据集 2000—2019,共 23 张表,包含 6 万多条数据,涵盖了 174 家上交所科创板企业的相关信息,其中包括 1 694 条裁判文书全文和 7 519 条新闻全文。数据采集于全国企业信用信息公示系统、中国法院裁判文书网、中国执行信息公开网等多家官方网站,并将各类数据统一处理、分类
长三角地区社会变迁调查数据集	复旦大学长三角地区社会变迁调查(Fudan Yangtze River Delta Social Transformation Survey,简称 FYRST)是以跟踪 1980—1989 年(简称 80 后)出生的一代人为主体,以长三角地区为调查区域,深度了解调查对象和所处社区的过去 30 年以及未来的发展变化情况的大型综合调查。研究的范围包括这一代人的家庭、婚姻、就业、迁移、住房、生育、子女教育、父母养老等各个方面。这一研究对分析和了解中国社会在产业(后)工业化、生活城市化、经济全球化、人口老龄化的全方位变迁具有极为重要的意义。本课题包含 FYRST 上海地区调查(基线调查)的调查数据及相关资料
当代中国社会生活资料书信数据集(百姓家书)	复旦大学张乐天教授的项目组自 2013 年开始在全国搜集各种类型的民间社会生活资料,因为书信资料对理解当代中国社会生活、人际关系有着不可忽视的重要性,截至 2019 年,已经搜集了 50 多万封个人书信。书信数据以原始一手的信件作为信息来源,保证了数据的完整性和准确性,覆盖了新中国成立以来不同历史阶段的数据,并做了脱敏处理。数据可供不同人文社会学科进行交叉趋势分析等,具有很强的研究和应用价值。本届大赛开放 20 世纪 50—80 年代的百姓家书共 16 组 205 封书信
第二届学生"好问题"征集评选活动数据集(首次提问)	本数据集为 2018 年第二届全国中小学生"好问题"征集评选活动的学生提交数据。从人文到科技、从天文到地理、从社会到生活,各种奇思妙想,激发了学生之间的科学大讨论。共有来自上海、浙江、江苏、安徽、福建、辽宁、江西、宁夏、广东、广西等省区市教育单位的 3 000 多名学生提出了数十万个问题。本次大赛提供的数据为"好问题"活动首轮比赛提出的 50 余万个问题
e 成科技简历脱敏数据集	e 成科技简历脱敏数据集包含了 10 万份脱敏后的简历数据。数据集包含解析后的教育经历、工作经历和项目经历三大类近 50 个字段,可以全面刻画候选人的职业生涯。数据覆盖数十个不同行业,其中 IT 相关行业的简历数量最多。基于该数据集可以对职场人士的教育、专业技能和职业发展等方向进行数据分析与建模,形成数据洞见
中国流动人口动态监测调查数据集(2016 年)	中国流动人口动态监测调查数据(China Migrants Dynamic Survey,简称 CMDS),是国家卫生健康委自 2009 年起一年一度大规模全国性流动人口抽样调查数据,覆盖全国 31 个省(区、市)和新疆生产建设兵团中流动人口较为集中的流入地,每年样本量近 20 万户,内容涉及流动人口及家庭成员人口基本信息、流动范围和趋向、就业和社会保障、收支和居住、基本公共卫生服务、婚育和计划生育服务管理、子女流动和教育、心理文化等。本次大赛向参赛者开放 2016 年数据集

（续表）

数 据 集	简 介
全国中小学晓黑板直播课堂互动数据集	晓黑板是基于青少年的成长规律、根据老师与家长的需求定制的一款专业、科学、现代化的家校沟通与家校管理工具,覆盖了全国万余所学校,目前全国有10余万教师和近百万家庭使用晓黑板。疫情期间,在不能复学的情况下,众多中小学均采取线上教学模式,利用晓黑板在线授课。本数据集为全国中小学晓黑板直播课堂互动数据集,日均约有1 000万条数据记录,对疫情期间老师在线授课、学生线上学习、课堂互动行为等有重要的研究价值

7. 大赛评审

本届大赛评审分为3个部分,包括形式审查、专家盲审和现场答辩。初审阶段完成形式审查(包括作品查重等),共有180项作品进入专家盲审。复审阶段邀请28位专家双盲审,现场答辩环节邀请10位专家进行评选。

2020年11月1日,第二届"慧源共享"全国高校开放数据创新研究大赛终审答辩顺利举行。受疫情影响,本次大赛答辩以线上线下联动的形式开展,10位答辩专家线下齐聚复旦大学与15支队伍进行了线上交流。答辩持续了近4个小时,答辩团队分别进行了8分钟PPT介绍和7分钟问答环节。最终评选出大赛"特等奖"1组、"一等奖"2组、"二等奖"4组、"三等奖"8组、"创意奖"10组,另有19位指导教师获得"优秀指导教师奖"。

8. 获奖结果

（一）"特等奖"（1组）

作 品 名	团队名	学 校	团队成员(以最终提交作品为准)
基于LightGBM预测图书需求量的采购策略探析——以复旦大学图书馆业务数据集为例	红凤凰粉凤凰粉红凤凰花凤凰	复旦大学	师文欣,张骐,于畅,詹展晴,周笑宇,王钰琛,薛崧

（二）"一等奖"（2组）

作 品 名	团队名	学 校	团队成员(以最终提交作品为准)
基于人名消歧的多任务学术推荐系统	我们说得队	复旦大学,清华-伯克利深圳学院,上海大学	周孟莹(复旦大学),陈疏桐(复旦大学),何千羽(复旦大学),侯鑫鑫(复旦大学),李宛达(清华-伯克利深圳学院),许智威(上海大学)

（续表）

作 品 名	团队名	学 校	团队成员（以最终提交作品为准）
基于深度学习的文献推荐系统和文献分类模型	集齐七龙珠召唤神龙实现愿望	东华大学	成栋,符亚玲,张子彬,王怡薇,李睿华,王灿达,黄维

（三）"二等奖"（4组）

作 品 名	团队名	学 校	团队成员（以最终提交作品为准）
在线健康社区自闭症饮食干预的主题探测及潜在影响探析	一马当先	武汉大学	倪珍妮,姚志臻,钱宇星
基于深度学习的高校图书馆用户画像系统	MSN	复旦大学	刘育杉,杜梦飞,徐琳,吴茜茜,王辰浩,庄颖秋
高校图书馆文献阅读倾向与个性化推荐研究	sjtu_vis	上海交通大学	张彦玲,万思奇,钱爱娟,张煜辉,董笑菊
不同教育水平的省际流动人口迁移网络对比研究——基于社会网络及社群探测方法	醒醒吧获奖了	北京大学深圳研究生院,南京大学	赵普(北京大学深圳研究生院),李智轩(南京大学),李镝(南京大学),张一鸣(南京大学)

（四）"三等奖"（8组）

作 品 名	团队名	学 校	团队成员（以最终提交作品为准）
基于人才知识图谱推理的强化学习可解释推荐研究	Info_sysu	中山大学	阮小芸,李祥,杨阳,廖健斌,卓伊玲,李岱峰
基于树方法的百度自闭症吧信息提取方案	Perceiver	复旦大学	黄永晟,聂秀雯,朱悦
科创板企业网络舆情与经营风险研究	Spark	上海师范大学,西南交通大学	庄乾燕(上海师范大学),陈沁玮(上海师范大学),黄纯峰(西南交通大学)
流动人口返乡意愿的影响因素及预测研究	越野壹号	浙江大学	叶雯,黄舒玥,刘莹莹
基于AFT和GWR模型的中国流动人口婚育行为研究	Gakki I Do	蚌埠医学院	郭涵昀,王宇航,陆进
西部农村流动人口家庭化迁移的特征识别研究——基于CMDS(2016)数据	一枝独秀	上海师范大学	蒋凤娇,徐慧慧,龚秀芳
两级传播理论视角下在线健康社区意见领袖的交互行为研究——以百度"自闭症吧"为例	Data-Star	吉林大学	钟楚依,常严予,张伟民,孙绍丹
星星哭了,谁知道:虚拟社区对自闭症家庭的社会支持	女士品茶	上海大学	黄佳佳,雷俊茹,罗美容,吴晓阳,燕慧颖

（五）"创意奖"（10 组）

作 品 名	团队名	学 校	团队成员（以最终提交作品为准）
中国流动人口居留意愿的空间差异及影响因素分析——基于 2016 年流动人口动态监测数据	树袋熊	东华大学	赵敏捷, 袁荃, 何莹, 姜来, 张雨桐
基于 2016 年中国流动人口动态监测数据的跨省流动网络分析及受此启发的少数民族居留意愿研究	数据挖掘机队	武汉大学、上海师范大学、西南大学	陈卓（武汉大学），李露（上海师范大学），耿飚（西南大学）
基于连续时间马尔可夫链的职业流动分析——以 e 成科技简历数据集为例	00 后隼号	上海财经大学	祝欣卉, 郭航, 阿孜买提·阿扎提, 龙怡
高校图书馆业务数据比较分析系统研究	SJTU-Group10	上海交通大学	罗嘉鸣, 劳秀羚, 周昕逸, 马意湉
基于自然语言处理的自闭症预防与治疗对策研究	码出高"效"	上海师范大学	廖思腾, 王逸凡, 李亚松, 王博
社会阶层、社会网络与留城意愿	自律勤奋谦虚队	安徽建筑大学	陈雨蒙, 许东辉, 陈阳阳, 马婕菲
对高新技术企业融资影响因素的研究——基于上海市高新技术企业的实证分析	777 葫芦娃	上海财经大学	蔡雨辰, 赵润琳, 叶新武, 姚大智, 李宏源, 范阅, 李凌屹
基于机器学习的自闭症群体社交网络情感分析	北理固定搭配冲冲冲	北京理工大学	吕娜, 韩露, 单淋, 余佳桐, 朱翊铭, 龙宣霖
长三角地区流动人口的社会融合度研究——以上海市"80 后"为例	AHUers	安徽大学	柏杨, 张军, 赵慧琳, 李灿, 孙欣悦, 吕余潭
基于多层感知机的在校学生图书逾期行为预测及交互系统设计	乘风破浪的弟弟们	浙江大学	戴逸展, 杜子豪, 赵嘉睿, 杨在鳌, 席玉章

（六）"优秀指导教师奖"（按照姓氏拼音首字母排序）

姓 名	单 位	指导团队	指导作品
蔡 弘	安徽建筑大学	自律勤奋谦虚队	社会阶层、社会网络与留城意愿
陈佳威	上海财经大学	00 后隼号	基于连续时间马尔可夫链的职业流动分析——以 e 成科技简历数据集为例
陈 伟	上海大学	女士品茶	星星哭了, 谁知道: 虚拟社区对自闭症家庭的社会支持
陈 阳	复旦大学	MSN	基于深度学习的高校图书馆用户画像系统

姓　名	单　位	指导团队	指导作品
邓　君	吉林大学	Data-Star	两级传播理论视角下在线健康社区意见领袖的交互行为研究——以百度"自闭症吧"为例
董平军	东华大学	树袋熊	中国流动人口居留意愿的空间差异及影响因素分析——基于2016年流动人口动态监测数据
董笑菊	上海交通大学	sjtu_vis、SJTU-Group10	高校图书馆文献阅读倾向与个性化推荐研究、高校图书馆业务数据比较分析系统研究
龚秀芳	上海师范大学	Spark、一枝独秀	科创板企业网络舆情与经营风险研究、西部农村流动人口家庭化迁移的特征识别研究——基于CMDS（2016）数据
李岱峰	中山大学	Info_sysu	基于人才知识图谱推理的强化学习可解释推荐研究
廉　洁	上海师范大学	码出高"效"	基于自然语言处理的自闭症预防与治疗对策研究
陆　进	蚌埠医学院	Gakki I Do	基于AFT和GWR模型的中国流动人口婚育行为研究
吕　娜	北京理工大学	北理固定搭配冲冲冲	基于机器学习的自闭症群体社交网络情感分析
潘　乔	东华大学	集齐七龙珠召唤神龙实现愿望	基于深度学习的文献推荐系统和文献分类模型
吴纯杰	上海财经大学	777葫芦娃	对高新技术企业融资影响因素的研究——基于上海市高新技术企业的实证分析
薛　崧	复旦大学	红凤凰粉凤凰粉红凤凰花凤凰	基于LightGBM预测图书需求量的采购策略探析——以复旦大学图书馆业务数据集为例
张　斌	南京大学	一马当先	在线健康社区自闭症饮食干预的主题探测及潜在影响探析
周礼刚	安徽大学	AHUers	长三角地区流动人口的社会融合度研究——以上海市"80后"为例
朱　莉	复旦大学	我们说得队	基于人名消歧的多任务学术推荐系统
朱渭宁	浙江大学	乘风破浪的弟弟们	基于多层感知机的在校学生图书逾期行为预测及交互系统设计

9. 赛事联盟

2020年7月10日,2020世界人工智能大会云端峰会数据智能主题论坛在上海世博中心蓝厅举行。会上,复旦大学图书馆副馆长张计龙代表"慧源共享"全国高校开放数据创新研究大赛与SODA开放数据创新应用大赛、上海图书馆开放数据竞赛、上海市大数据主题专项劳动竞赛、信用大数据创新应用大赛、香港B4B大数据应用挑战赛、大连数据智能创新应用大赛、浙江省"德清杯"长三角空天信息数据开放创新大赛办赛主体代表,共

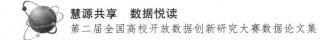

同组建"开放数据赛事联盟",面向全国发出联盟邀请,共同营造全国开放数据创新应用氛围。八大赛事实现数据共通、赛程共融、专家共享、宣传共鸣、服务共建,共同打造全行业覆盖、全社会参与、全流程服务的开放数据赛事合作体系。

　　在 12 月 4 日召开的 2020 中国(上海)大数据产业创新峰会上,2020 SODA 上海开放数据创新应用大赛各赛道奖项在峰会揭晓,并举行颁奖仪式。第二届"慧源共享"全国高校开放数据创新研究大赛推荐优秀团队"我们说得队"荣获 2020 SODA 上海开放数据创新应用大赛三等奖。会上还举行了开放数据赛事联盟各赛事颁奖仪式,由科研实验室承办的第二届"慧源共享"全国高校开放数据创新研究大赛特等奖团队代表参会领奖。

二、专家寄语

第二届"慧源共享"全国高校开放数据创新研究大赛在国内 15 所高校举行了"数据悦读"学术训练营活动。活动期间,各站主办单位领导和专家以视频形式录制大赛寄语,鼓励高校师生积极参赛,同时也分享和表达了自己在数据共享开放、数据素养教育与数据人才培养、数据驱动的科研创新等方面的观点和感受。本节整理了来自复旦大学、南京大学、浙江大学、安徽大学、东华大学、华东师范大学、上海财经大学、上海大学、上海电力大学、上海海洋大学、上海交通大学、上海师范大学、上海外国语大学、同济大学、武汉大学的 15 位专家的寄语内容。编者对视频内容进行整理形成文字稿,以期为高校数据共享与服务工作的开展、数据人才的培养提供参考和借鉴。

各位老师、各位同学,大家好,第二届"慧源共享"全国高校开放数据创新研究大赛开始了,我们首先预祝同学们在这次比赛中取得良好的成绩。我们这次大赛是在云上和云下相结合进行的,这既是我们今天的时代特征,也表明了在上海市教委的领导下,我们高校的各位同仁对于数据图书馆发展的必然趋势的支持和自觉。我觉得对我们高校图书馆而言,数据化是一个发展的趋势,我们每一位同仁都应该对此有充分的自觉和准备,这一次的大赛可以说是一场练兵,也是表达我们决心的一个场合,预祝我们这次大赛成功!

复旦大学图书馆馆长 陈思和 资深教授

第二届"慧源共享"全国高校开放数据创新研究大赛的举办,旨在发挥长三角地区高校的区位优势,推进数据时代高校"产学研用"一体化协同创新,激发高校学生发掘、利用开放数据资源,进行创新研究与应用,聚合各行业的力量,培养和提升大学生数据修养,促进科学数据汇聚流动和开放共享,助力数字经济发展,推动全球科创中心建设和世界一流大学建设。大数据时代的潮流,使数据分析成为高校科研、进行科学决策的有力支持。所以这次高校开放数据创新研究大赛,江苏高校图工委和南京大学图书馆将全力支持,希望高校开放数据创新研究大赛能够越办越好,由长三角地区走向全国。

南京大学图书馆馆长 程章灿 教授

我们常常说:"知其然更要知其所以然。"这句话其实表现的是科学研究的两种方式,前者是发现,比如地球是圆的;后者是探究,比如地球为什么是圆的。我们常常会觉得,后者会更为高大上一些,但是我们也知道有时候发现问题比解决问题更难。利用数据进行关联,可以帮助我们展现很多问题,发现很多问题,当然也可以解释很多问题,所以如何有效地利用数据,或者说数据驱动成了科学研究的第四范式。今天我们举办慧源数据大赛,就是希望让我们一起来了解数据、理解数据、应用数据,帮助我们成为数据时代的游戏者,而不是一个旁观者。所以,欢迎大家踊跃参加。

浙江大学图书馆副馆长　黄晨　研究馆员

数据驱动创新,创新驱动高质量发展,数据就是数字经济、人工智能的石油。由复旦大学图书馆发起的第二届"慧源共享"全国高校开放数据创新研究大赛形式独特,内容新颖,对提高大学生的数据意识和数据能力,激活数据,造福社会,无疑具有十分重要的意义。安徽大学图书馆荣幸成为本次活动的主办方之一,我们将积极推动本次活动在安徽地区开展,让活动汇集更多的高校,更多的大学生。最后,我谨代表安徽大学图书馆祝大赛系列活动圆满成功!

安徽大学图书馆馆长　储节旺　教授

时光荏苒,岁月匆匆,转眼间,第二届"慧源共享"全国高校开放数据创新研究大赛已经拉开序幕。相比第一届,本次大赛覆盖面广,参赛对象为全国高校师生,大赛数据集更加丰富,包括 16 个数据集。为了提高大家的创新应用能力,大赛邀请了众多数据专家开展训练营以及专业指导工作,对于广大参赛选手们更是一道知识盛宴。本次大赛东华大学图书馆积极宣传和推广,在此我谨代表东华大学图书馆对广大师生发出邀请,希望各高校师生积极参与比赛,以实战战胜训练,迅速提高数据创新应用能力。希望各位师生各展才华,积极进取,勇攀高峰。也预祝第二届高校开放数据创新研究大赛成功举办,谢谢大家!

东华大学图书馆副馆长　陈惠兰　副研究馆员

数据时代,大数据已成为社会新发明、新创造的源泉。毫无疑问,大数据已经在社会管理、社会服务方面以其精准性大大提高了社会的效率。我们相信善用大数据,关注每一个个体,大数据必定能够为促进社会的公平做出贡献。将图书馆的温度融化到大数据的精准之中,图书馆的服务一定能够化为师生需求的及时雨。愿慧源数据悦读系列活动引起更多同学的关注、积极参与。愿慧源数据大赛活动取得圆满成功!

华东师范大学图书馆副馆长　魏明扬　副教授

现在是一个互联网时代,数据或者说应用数据的能力已经成为大学生的一个标配的能力。但是这些专业知识以及工具的应用,可能在现有的大学教育的课程体系里面,还有待于进一步去发展,或者说有一定的提升的空间。所以复旦大学图书馆牵头把大家组织起来,推动这样一种开放数据的应用,其实某种程度上也是给了现有的大学教育体制一个很好的补充。我相信通过这个大赛的训练营,包括这个大赛本身,能够给很多同学带来与课程有关,以及大学日常的课程以外的一些能力、一些知识。我们认为更重要的是一种思维方式。所以我在这里也是非常期待第二届有更多的同学,甚至一些馆员、老师能够共同加入,共同把这样一种教学活动的应用更加普及开来。我也非常希望训练营以及大赛能成为跨校、跨学科的相互学习的一种社团,或者是一个社区。在这个社区内大家能够根据自己的爱好、专业的知识背景、各自的技能特长,找到自己的合作伙伴,以及感兴趣的话题或者研究的问题,去提升应用数据来解决问题的能力。最后希望大家收获友谊、收获知识、收获能力,同时能够开拓自己的眼界,为将来真正步入社会,步入这样一个数据时代,给到自己足够的知识储备和能力储备。

上海财经大学图书馆常务副馆长　陈骁　高级工程师

在信息社会的今天,数据已经成为一种不折不扣的重要资源,与石油、水等自然资源一样重要,数据的价值在于变现和运用。本次慧源共享数据大赛,主办方为我们提供了多种类型的数据集,邀请组织数十位评议专家做专题培训,为数据大赛创造了良好的平台和条件,期待着同学们和老师们踊跃地参与到数据大赛中来,尽情地去施展自己的才华,去洞察、去发现、去理解数据的价值,充分发挥数据的作用,同时也不断提升自身的数据思维和创新思维。最后预祝所有的参赛选手赛出高水平,预祝本届"慧源共享"全国高校开放数据创新研究大赛系列活动取得圆满成功。

上海大学图书馆副馆长　卢志国　副研究馆员

非常荣幸我们上海电力大学作为慧源共享巡回站的第7站。为贯彻落实习总书记在第二届进博会上关于推动长三角区域一体化发展的重要讲话精神,上海市教育委员会、上海市经济和信息化委员会持续支持与促进长三角地区教育科研数据共享开放,鼓励高校师生利用现代化的信息技术,对开放数据进行创新研究,聚合各行业力量,提升大学生的数据素养。复旦大学图书馆、市教委信息中心等,联合长三角地区多家高校和企业举办了第二届"慧源共享"全国高校开放数据创新研究大赛。在疫情期间,我们贯彻落实教育部停课不停学、停课不停教的要求,通过该项活动激励高校深化教育教学改革,创新大学生科技能力培养,构建新时代新型的师生共同体,提升人才培养和学科建设水平。衷心希望我们的大学生踊跃报名参赛,充分发挥大家的聪明才智和团队合作精神,衷心希望接下来的各巡回站越来越精彩,大赛取得圆满成功!

上海电力大学图书馆馆长　李康弟　教授

突如其来的新冠肺炎疫情,将会给人类社会带来极其深远的影响。中国的抗疫斗争取得重大成果,而大数据技术在其中起到了非常关键的作用,可以说大数据技术现在是广泛地应用在各行各业。为了提升高校师生的数据素养和大数据技术的应用能力,在上海市教委、上海市经信委的指导下,复旦大学联合上海多家高校、企业举办的"慧源共享"全国高校开放数据创新研究大赛,今年已经是第二届了。从第一届的开展情况来看,高校师生广泛参与,参赛团队在参与赛事的过程中取得了很大的收获。在这里也希望全国高校的师生能够积极踊跃地参加我们的大赛,预祝参赛团队取得好的成绩,我们的大赛也取得圆满成功!

上海海洋大学图书馆党委书记　高晓波　博士

很荣幸从首届慧源大赛开始,我们就参加了该赛事的组织工作,同时组织队伍参加慧源数据大赛并获得奖项。随着技术的发展,在工作生活中数据不断累积,无论从数据产生的速度还是数量上来说都是前所未有的。得数据者得天下,当数据拥有者把数据共享出来,供各方更广泛地进行挖掘时,数据才真正发挥它的价值。所以慧源大赛为我们搭建了很好的数据共享平台,希望我们一起应用好这个平台,在数据的分析中或发现规律,或找到解决实际问题的途径和方法,来支持预测或决策,在各领域发展中发挥积极作用。预祝大家在此过程中享受挑战,收获满满!

上海交通大学图书馆副馆长　董笑菊　副教授

今年是一个不寻常之年,新冠病毒的到来牵动着每一个人的心。为阻断疫情向校园蔓延,确保师生身体健康,全国各地高校都延期开学。在防控疫情期间,我们上海师范大学在停课不停学、停课不停教、停课不停研、停课不停阅等方面做了大量的工作。2020 年 4 月在上海市教委、上海市经信委的指导与支持下,复旦大学联合多家高校、企业,面向全国高校师生举办第二届"慧源共享"全国高校开放数据创新研究大赛,希望同学们在数据中获得灵感,在数据中构建智慧。获奖不是目的,过程就是收获。欢迎全国高校师生踊跃报名参加,预祝各位同学取得好成绩,预祝大赛取得圆满成功!

上海师范大学图书馆副馆长　胡振华　副研究馆员

不断地探索新知是大学里永恒的话题,通过对开放数据的掌握,拓宽视野、助力研究是时代赋予现代大学的命题。"慧源共享"全国高校开放数据创新研究大赛,正是当代学生学人回答这个问题的平台。当下无论是在传统的理工科大学,还是在以人文社会科学研究见长的高校,云计算大数据、数字人文学术的迅速发展和数据方法的普遍应用,大家同频共振,感同身受。我们欢迎大家通过各种各样的开放数据,更准确地找到自己的研究兴趣,更有效地促进科学研究精神进一步发展。预祝大家在第二届"慧源共享"全国高校开放数据创新研究大赛中取得好成绩!

上海外国语大学图书馆副馆长　张鹏　副教授

随着数据时代的到来,研究数据已经从后台走向了前台,数据本身成为知识的主要表征方式之一,也成了知识的重要载体。数据在科学研究中所扮演的角色越来越重要,数据在图书馆中所起到的作用也越来越重要,所以我们对数据需要提供更多的关注。通过数据我们可以进行知识发现,通过数据我们可以做决策支持,通过数据我们可以预知未来(当然是基于历史来预测预知未来),所以数据的作用无处不在,数据吸引了无数人的关注。比赛主办方提供了众多的数据集,通过学术训练营的教授、专家们的学术指导或方法指导,同学们一定会在这样的比赛里面,迅速地提升自己的信息数据素养能力,提高自己的数据分析能力和知识获得获取能力。预祝大家在比赛里取得好的成绩!

同济大学图书馆副馆长　王从军

　　2020年是特殊的一年,在全国人民的驰援下,武汉取得了抗疫的胜利,进入了常态防控的阶段。在这个过程中,我们充分体会了大数据应用所产生的积极作用,也充分意识到了数据素养的重要性。作为当代的大学生,我们应当在日常的学习生活和科研中积极地锻炼自己的数据思维,提升自己的数据能力。而第二届高校开放数据创新研究大赛为我们提供了很好的机会,大赛组委会开放了10余个数据集给我们实践,组织了30余位专家来进行在线的培训,而同学们通过参与大赛,在实践中能不断锻炼自己的数据应用能力。因此我希望我们全国的大学生,尤其是湖北特别是武汉地区的大学生,能够抓住这次机会,积极参与,在实践中锻炼自己,展现自我。最后祝大赛取得圆满成功!

武汉大学图书馆副馆长　刘霞　研究馆员

三、训练营专家金句

第二届"慧源共享"全国高校开放数据创新研究大赛"数据悦读"学术训练营活动邀请了不同行业和领域的 34 位数据科学家，围绕 A（AI 人工智能）、B（Blockchain 区块链）、C（Cloud Computing 云计算）、D（Big Data 大数据）、E（Energy Data 能源数据）、F（Fintech 金融科技）、G（GIS 地理信息）七大主题开展专题讲座，报告专家在活动中以"一句话"的形式发表专家金句。本节整理了 32 位专家发表的金句内容，与读者们分享。

知识图谱技术将成为大数据价值变现的助推器，从大数据到大知识是智能时代发展的必然趋势。

复旦大学　肖仰华　教授

大数据、大科学、大发现。

中国科学院计算网络信息中心　黎建辉　研究员

机器学习是理解人工智能的金钥匙。

东华大学　杨东　教授

基于隐私计算技术，解决数据作为创新生产要素面临的问题和挑战，打造全数字时代数据共享利用基础设施。

矩阵元技术（深圳）有限公司首席运营官　谢红军

感知，预测，干预，评估——全媒体大数据的使能创新。

上海财经大学　刘建国　教授

在不确定性中探索确定性的价值提升方式，才是数据作为生产要素流通的第一要务。

银联智策顾问（上海）有限公司创新部高级经理　汪科科

大数据是信息时代永不枯竭的"金矿"，通过对大数据的开放整合和深度分析，能够发现新的知识、创造新的价值。

国家卫生健康委流动人口服务中心　刘金伟　研究员

基于文本统计与理解的算法,来做各类大数据可视分析的基本思路,最终提出"可视云计算"的整体解决方案。

浙江大学　张宏鑫　副教授

数据驱动的第三波人工智能从认知科学、量子力学、经济学和遗传学等学科中汲取灵感,改变我们每个人的生活工作和整个人类的命运。

e成科技CTO,复旦大学客座教授　郐学宁

智能时代,让数据产生价值是一项重要的技能。

上海师范大学　傅毅　副教授

信息的极大丰富稀释着大众的注意力,推荐系统已成为数据型产品的标配。

北京万方数据股份有限公司研发部工程师　梅葆瑞

理解政务大数据的价值,健全与开拓数据要素市场。

南京大学　胡广伟　教授

创新是持久关注和研究中的灵光闪现。

上海电力大学　侯建朝　副教授

电力大数据是整个能源互联网发展的基础,更是未来数字中国建设的先行者!

上海电力大学　杜海舟　副教授

深耕中国煤炭30余年,致力能源数据连续、可比、可追溯。

复旦大学　潘克西　副教授

科学以数据为基。

安徽大学　匡光力　教授

时空大数据挖掘和应用令城市设计更加科学,城市管理更加智慧,城市生活更加安全、便捷。

上海云教信息技术有限公司首席空间数据科学家　胡瑞山

我们要学会运营数据,把数据融入业务中,让数据讲故事,并且把故事讲给别人听。

北京万方数据股份有限公司研发部工程师　聂高攀

海洋大数据不只是在于数据量大,更在于海量数据在传感、网络、云计算等新兴技术

209

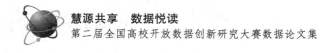

支持下的快速处理、智能分析和智慧应用。

上海海洋大学　魏立斐　副教授

人口大数据塑造人类的历史、现实和未来。

复旦大学　殷沈琴　副研究馆员

大数据时代呼唤新的数据库系统。

武汉大学　彭智勇　教授

在新技术变革时代,数据运营创造商业价值,是未来企业创新发展的方向。

上海外国语大学　罗莉娟

人文社科数据共享联盟的推进不仅需要区块链技术的应用,更需要开放的理念、创新的管理和多方的协同。

华东师范大学　许鑫　教授

大数据,国家的软实力,未来创新的驱动力!

同济大学　卫志华　教授

没有数据治理,机器学习就是空中楼阁;没有机器学习,数据治理永远停留在石器时代。

上海交通大学　金耀辉　教授

公共数据治理助力"一网通办""一网统管",有效打通超大型城市精细化管理最后一公里。

上海市大数据中心资源部负责人　储昭武

从小数据到大数据,从用户画像到数据中台,大数据可视化赋能电子商务将是未来智慧商务发展的必然趋势。

上海大学　熊励　教授

数据叙事作为数据分析的"最后一公里",是将数据还原到故事或情境的关键环节,是让受众更好地理解数据、理解分析的结果。

南京大学　裴雷　教授

数据爆炸时代,大数据与自然语言处理技术的不断完善,使得人工智能素养成为学习科研的必备素质。

华东师范大学　张毅　副研究馆员

用数字解读中国经济,用逻辑解读世界局势,用经济解读国事家事天下事。

同济大学　程名望　教授

在线社交网络已经深入到日常生活的方方面面,对其用户行为的研究是最接地气的研究。

复旦大学　陈阳　副教授

注重以人为本的"智慧社会"将成为我国智慧城市建设和发展的未来愿景。

上海市大数据股份有限公司 CTO　张力锋

PART —— **04**

第四部分　附　录

附录一　第二届"慧源共享"全国高校开放数据创新研究大赛大事记

- 2020 年 4 月 23 日　第二届"慧源共享"全国高校开放数据创新研究大赛在复旦大学举行开幕式,大赛报名通道、数据申请通道正式开放。
- 2020 年 4 月 28 日　系列活动学术训练营复旦大学站顺利举行。
- 2020 年 4 月 30 日　系列活动学术训练营东华大学站顺利举行。
- 2020 年 5 月 7 日　系列活动学术训练营上海财经大学站顺利举行。
- 2020 年 5 月 12 日　系列活动学术训练营浙江大学站顺利举行。
- 2020 年 5 月 14 日　系列活动学术训练营上海师范大学站顺利举行。
- 2020 年 5 月 19 日　系列活动学术训练营南京大学站顺利举行。
- 2020 年 5 月 21 日　系列活动学术训练营上海电力大学站顺利举行。
- 2020 年 5 月 28 日　系列活动学术训练营上海海洋大学站顺利举行。
- 2020 年 5 月 29 日　系列活动学术训练营武汉大学站顺利举行。
- 2020 年 6 月 2 日　系列活动学术训练营上海外国语大学站顺利举行。
- 2020 年 6 月 3 日　系列活动学术训练营安徽大学站顺利举行。
- 2020 年 6 月 4 日　系列活动学术训练营同济大学站顺利举行。
- 2020 年 6 月 9 日　系列活动学术训练营上海交通大学站顺利举行。
- 2020 年 6 月 11 日　系列活动学术训练营上海大学站顺利举行。
- 2020 年 6 月 16 日　系列活动学术训练营华东师范大学站顺利举行。
- 2020 年 6 月 18 日　系列活动学术训练营复旦大学站顺利举行。
- 2020 年 6 月 23 日　第二届"慧源共享"全国高校开放数据创新研究大赛赛事培训活动顺利举行。
- 2020 年 6 月 30 日　第二届"慧源共享"全国高校开放数据创新研究大赛数据申请通道关闭。
- 2020 年 8 月 31 日　第二届"慧源共享"全国高校开放数据创新研究大赛作品提交通道开启。
- 2020 年 10 月 9 日　第二届"慧源共享"全国高校开放数据创新研究大赛作品提交通道关闭。
- 2020 年 10 月 10 日至 11 月 1 日　第二届"慧源共享"全国高校开放数据创新研究大赛

完成作品初审、复审和终评答辩。

- 2020 年 11 月 2 日　第二届"慧源共享"全国高校开放数据创新研究大赛获奖名单正式公布。

附录二　关于"慧源共享"

　　"慧源共享"上海教育科研数据共享平台(以下简称"慧源共享平台")是由上海市教育委员会牵头,上海地区多家高校图书馆共同参与构建的一个区域资源共享项目。慧源共享平台旨在为上海地区高校、科研机构的师生和科研人员提供包括高校自建数据库、特色资源数据库、优质资源数据库、科学数据在内的优质教育资源共建共享服务,以服务促进优质资源建设,最大化发挥优质教育资源价值,提升区域内优质教育资源共享意识、共享水平和综合服务能力,实现上海地区优质教育资源的统一揭示、汇聚整合和共享服务。

一、整合沪上 10 所高校 20 个特色库,惠及沪上 150 万师生

　　慧源共享平台于 2014 年上线,截至目前,整合了沪上 10 所高校及教育机构(复旦大学、上海师范大学、上海海洋大学、上海电力大学、东华大学、上海外国语大学、同济大学、上海旅游高等专科学校、上海财经大学、上海国际时尚教育中心)的 20 个特色库,资源类型丰富,包括民国书刊、古籍、科学数据、期刊论文、会议论文、学位论文、电子教参、多媒体资源等十余种资源类型,资源总量达 30 万条。平台针对多种资源制定了统一的元数据规范,基于跨校认证系统,实现了资源的无缝连接。依托上海教育信息化的"一网三中心"技术设施,上海地区 150 余万开通跨校认证的高校师生皆可使用本校学号/工号及密码,方便、快捷地进行跨库检索,利用平台资源。

二、"互联网＋"背景下去中心化的资源共享模式,支持数据监护功能

　　慧源共享平台的开发主要采用了 Java 语言,使用了 SpringMVC＋Spring＋Hibernate 的架构,具有良好的安全性和可扩展性。平台采用缓存技术(EhCache)减少了数据库开销;采用切面技术(AOP)进行日志记录,增加了灵活性和拓展性;采用计划任务(Task)进行大批量作业预处理,提升了查询速度;采用 Lucene 插件对元数据等字段进行索引处理,支持中文切词,大大提升了检索速度,优化了检索结果。

　　在大数据背景下,慧源共享平台技术架构进一步升级扩展,支持去中心化的科学数据资源的共享,资源来源包括现有成员单位自有特色数据资源、自主采集数据、学者和研究团队提交的研究数据、政府开放数据、合作单位交换收割数据以及国内外知名商业数据资源。此外,在平台技术方面实现了数据管理、数据监护、数据共享、数据引证、数据加锁、数据分析、数据可视化、大数据引擎等特色功能。

三、线上线下宣传推广，品牌效应影响更多用户

2014年9月，慧源共享平台开通了官方公众号，用户可方便地通过新媒介窗口掌握平台最新动态，了解专题资源推介信息，参加各类互动活动。结合新媒体，"慧源共享"第一届征文活动以特色民国资源为主题，为关注和喜爱特色资源的沪上高校师生提供了一个展示和分享的平台。2017年第二届征文活动主题更加宽泛，沪上10余所高校师生踊跃参与投稿，优秀稿件公开评选投票总数达15798（限每人1票），活动页面总浏览量达21050。慧源共享平台还设计制作了使用指南、宣传页，组织了一系列名家讲座，走进校园与师生面对面交流。以学生社团形式发起的蒲公英行动，让用户参与到慧源共享平台的建设发展中。2019年起，平台牵头组织"慧源共享"高校开放数据创新研究大赛，首届大赛吸引沪上25所高校近900名师生参赛，第二届大赛面向全国高校师生，共有全国29个省市的756支队伍报名参赛，报名参赛总人数达2688人。在各方的努力下，平台在服务深度和资源广度方面都具备了行业领先优势。

四、有效的"1＋10＋N"管理架构，联动管理慧源共享平台

经过前期发展，平台目前逐步形成了"1＋10＋N"的运营模式，即由上海市教育委员会牵头，10所共建单位为核心，N家高校/单位汇集和共享资源。为方便不同单位、不同地点的成员们开展合作，项目团队建立了QQ群、微信群，便于交流特色资源建设与服务开展的相关想法。现有沟通交流机制在沪上高校间建立了较为全面的关系网，该模式有效支持了慧源共享平台的可持续发展。为进一步推动平台发展，上海市教育委员会信息中心于2019年正式设立"慧源共享优质教育资源服务中心"，负责慧源共享平台的建设与运行。

五、平台建设发展成果

截至2021年8月，慧源共享平台访问量超过280万。2016年年底，在上海市经济和信息化委员会、新华通讯社新闻信息中心指导，上海市经济和信息化发展研究中心、上海市智慧城市建设促进中心、新华通讯社新闻信息中心上海中心共同主办的上海市智慧城市建设成果评选活动中，慧源共享平台等17个项目在500余个参赛项目中脱颖而出，荣获"2016上海市智慧城市建设优秀实践成果奖"。2017年，平台荣获上海市科技情报学会颁发的"上海科学技术情报成果奖二等奖"。

附录三　关于上海市科研领域大数据联合创新实验室

　　为贯彻落实党中央、国务院《促进大数据发展行动纲要》等重要文件精神,按照《上海市大数据发展实施意见》决策部署,加快推进大数据产业和应用发展,支撑本市国家大数据综合试验区建设,2019年11月,上海市经济和信息化委员会决定以复旦大学为建设主体,联合上海市教育委员会信息中心、国家卫生健康委流动人口服务中心、上海市公安局人口管理办公室、华东师范大学、银联智策顾问(上海)有限公司、矩阵元技术(深圳)有限公司、上海云教信息技术有限公司、北京万方数据股份有限公司、义橙网络(上海)有限公司、上海市大数据股份有限公司10家单位为参建单位,成立上海市科研领域大数据联合创新实验室(人文社科)(以下简称实验室)。

　　实验室是目前全国高校范围内唯一一家省/市级人文社科大数据实验室。实验室建设紧密对接国家大数据发展战略需要,以满足当前大数据产业发展的重大需求为导向,针对科研领域数据资源割裂、共享渠道机制缺失等痛点,通过构建"产、学、研、用"一体化的大数据创新生态,进行科研数据资源整合,构建数据互联互通机制,打造开放共享的大规模科研数据资源库和支撑性公共服务平台,以示范应用驱动科研领域的创新突破。

　　实验室建设遵循创新性、示范性、开放性和融合性原则,产、学、研、用协同创新,聚焦解决人文社科领域大数据关键技术、数据共享机制和应用解决方案。主要任务包括:

　　构建统一、标准的上海科研数据共享平台,从人文社科领域切入,探索建设上海地区科研数据开放共享基础设施;

　　基于数据驱动背景下的新需求,整合能有效支撑和服务于域内人文社会科学研究的高价值数据资源,构建上海地区人文社科数据资源目录;

　　针对人文社科数据的开放共享关键环节,制定相应的标准规范,并运用区块链、安全多方计算、数据沙箱、AI等关键技术,重点解决上海地区人文社科领域科研数据共享中的激励、评价、传播和安全问题,探索可推广、可复制的科研数据整合与共享服务机制;

　　以市场需求为导向,把握上海高校及科研机构人文社科数据的重要应用场景,并以示范性、创新性和指引性为原则,探索建设示范性数据产品,促进多源数据融合环境下的跨学科、跨领域协同创新与成果转化。

　　未来实验室将与成员单位共同探索,继续以"慧源共享"全国高校开放数据创新研究大赛为抓手,助力高校师生数据素养的提升,实现科研领域的数据共享,促进多源数据融合环境下的跨学科、跨领域协同创新与成果转化。

附录四　大赛合作与支持

　　"慧源共享"全国高校开放数据创新研究大赛的组织和开展,得到了多家合作伙伴的支持。在第二届大赛中,上海阿法迪智能数字科技股份有限公司、北京万方数据股份有限公司继续为大赛系列活动的组织和开展提供了包括数据资源、专家资源、宣推渠道、专业服务(如万方数据文献相似性检测服务)等的全方位的支持;此外,上海市大数据股份有限公司、义橙网络科技(上海)有限公司、上海云教信息技术有限公司、矩阵元技术(深圳)有限公司、银联智策顾问(上海)有限公司也为活动的成功举办提供了大力支持。

　　上海阿法迪智能数字科技股份有限公司于 2004 年 10 月 10 日创立,是国内领先的致力于将 RFID(无线射频识别)技术应用于图书、文化和教育等多个领域的高新技术企业。2006 年 1 月实施完成集美大学诚毅学院图书馆 RFID 系统,开创国内 RFID 图书馆先河。作为国内领先的拥有核心技术研发能力和智慧图书馆全部自主知识产权的公司,18 年来,上海阿法迪持续实现产品和解决方案的迭代升级,已为全国 4 000 余家客户提供专业的智慧系统解决方案,可以满足智慧图书馆、数字文化馆、智慧博物馆馆内系统建设和馆外延伸系统服务建设,涵盖咨询、设计、研发、实施、图书馆运营及培训等全方位服务,能为图书馆提供云智能图书管理平台、智能终端系统、数字资源服务系统和图书馆运营服务等智慧图书馆解决方案,形成以物联网、云计算、大数据、人工智能、区块链等技术为基础的业务格局。上海阿法迪在与客户的合作交流中,秉持"专业,诚信,协作,创新"的经营理念,愿与文化教育界同仁一起,共同推动图书馆事业快速发展和文化教育事业的长远发展。

　　北京万方数据股份有限公司(以下简称万方数据)成立于 1993 年。2000 年,在原万方数据(集团)公司的基础上,由中国科学技术信息研究所联合中国文化产业投资基金、中国科技出版传媒有限公司、北京知金科技投资有限公司、四川省科技信息研究所和科技文献出版社 5 家单位共同发起成立北京万方数据股份有限公司。万方数据作为国有信息内容服务企业,是服务国家科技创新的主力军。《人民日报》评论其为"中国数据库产业的曙光"。作为国内较早以信息服务为核心的股份制高新技术企业,20 年来经过快速稳定的发展,万方数据公司积累了海量版权清晰的学术数据,数据总量及规范化水平在国内处于领先地位,将为实验室的建设实施提供至关重要的数据基础与保障。目前,公司拥有约 9 亿条学术元数据,1.8 万余条文献全文数据,涵盖学术期刊、学位论文、会议论文、专利信息、国家标准、科技成果、政策法规、地方志、视频等多种类型的中文及外文资源。

图书在版编目（CIP）数据

慧源共享　数据悦读：第二届全国高校开放数据创新研究大赛数据论文集/张计龙主编.
—上海：复旦大学出版社，2022.7
ISBN 978-7-309-16135-9

Ⅰ.①慧…　Ⅱ.①张…　Ⅲ.①数据处理—文集　Ⅳ.①TP274-53

中国版本图书馆 CIP 数据核字（2022）第 035980 号

慧源共享　数据悦读：第二届全国高校开放数据创新研究大赛数据论文集
张计龙　主编
责任编辑/陆俊杰

复旦大学出版社有限公司出版发行
上海市国权路 579 号　邮编：200433
网址：fupnet@ fudanpress.com　http://www.fudanpress.com
门市零售：86-21-65102580　团体订购：86-21-65104505
出版部电话：86-21-65642845
上海华业装潢印刷厂有限公司

开本 787×1092　1/16　印张 14.5　字数 326 千
2022 年 7 月第 1 版第 1 次印刷

ISBN 978-7-309-16135-9/T・713
定价：48.00 元